高分子ゲルの物理学
Physics of polymer gels

ー構造・物性からその応用までー
Fundamentals and applications

酒井崇匡 編
Takamasa SAKAI, Editor

東京大学出版会
University of Tokyo Press

Physics of polymer gels
Fundamentals and applications
Takamasa SAKAI, Editor

University of Tokyo Press, 2017
ISBN978-4-13-062843-3

はじめに

　高分子ゲルは，高分子の 3 次元網目が溶媒を含んで膨潤したものであると定義される

　高分子ゲルは，適切に設計すれば，高分子重量の 1000 倍もの量の溶媒を保持したり，10 倍以上の変形性を持ったり，たんぱく質のような巨大分子を保持・透過させることも可能な物質である．高分子ゲルの持つこのような，高い膨潤性，変形性，物質透過性は，他の材料にはないユニークな特性であり，紙おむつの吸収素材，ソフトコンタクトレンズ，湿布薬など多くの用途に用いられている．現在では，生体組織代替材料や再生医療用担体など，未来の医療を担う材料としても注目され，さらに多くの研究が行われている．本書は，この高分子ゲルの持つ基礎的な物性と構造の相関について解説した教科書であり，理系大学生が初めて高分子ゲルを学ぶために読むことを想定した．

　高分子ゲルの持つユニークな特性の多くは，その成分の大部分は溶媒であるにもかかわらず，重量としてたった数％だけ含まれている高分子網目の寄与により，固体として振る舞っていることに由来する．しかも，高分子網目と溶媒が 2 相に分離して共存いるわけではなく，1 つのゲル相として混和して存在していることが重要である．すなわち，3 次元網目に由来する固体的な性質と，網目の中に溶解し保持されている溶媒に由来する高分子溶液的な性質の両者を併せ持つ．この二面性は，他の材料にない高分子ゲルだけが持つ特徴である．この二面性は，高分子ゲルのユニークさの源泉であるが，それと同時にその理解を難しくしている根源でもある．高分子ゲルの固体的な性質は，高分子一本鎖のエントロピー弾性に由来するゴム弾性を基に議論される一方で，液体的な性質は高分子溶液論を用いて議論される．そのために，高分子ゲルの基本的な概念を理解するためには，少なくとも両者の基礎的な理解が不可欠となるし，それらを有機的に組み合わせる必要がある．

　ゴム弾性と高分子溶液論はいずれも，統計力学を基盤とした学問体系であり，理想的な仮定の下，さまざまな物性値に対して数式による厳密な予測を

もたらす．しかしながら一方で，高分子ゲルを構成する3次元網目構造は，生来，不均一性を有する．これは，最も単純な直鎖状の高分子においても分子量分布をなくすことことができないことからも，自明であろう．すなわち，高分子網目を規定するパラメータである網目サイズや分岐数，網目形状を均一にすることは，事実上不可能である．このように，構造を正確に規定することができないために，分配関数の定式化も難しく，直ちに統計力学的なアプローチを適応することは困難である場合が多い．

　このようなわけで，実在の高分子ゲルの構造・物性相関を理解することは，なかなかに困難であるし，材料設計への貢献も限定的であると予想される．しかしながら，それでもきちんとゲルを理解することはやはり重要であると思われる．なぜならば，実用化のためのハードルは高く，場当たり的な材料設計では，そのハードルを越えることは難しいためである．この状況を打破するためには，やはり構造・物性相関の理解に立脚した材料設計が不可欠であるし，まず重要なことは，統計力学に立脚した原理原則を正しく理解することであろう．もちろん，厳密に実験結果と定量的な一致を見ることは多くはないのであるが，現象を数式という形で理解することは，きわめて有意義である．また，ある厳密な仮定の下で得られる理論値と実験値を比較することから，有益な情報が得られることも多い．さらには，粗視化の程度を上げ，スケーリング理論により，大雑把なゲルの物性を理解することも，同様に有意義である．このように，ゲルの不均一性とうまくつきあうことが重要である．その一方で，可能な限り不均一性を排した構造明確な高分子ゲルを用いて，理論の実験的検証を行うことも，高分子ゲルの基礎的な理解を深化させるうえで必要不可欠であろう．

　そこで本書では，基礎知識の導入として，まず第1章で高分子一本鎖の，第2章では高分子溶液の，統計力学的・スケーリング理論的な取り扱いについて説明する．続く第3章では，高分子ゲルの構造を定義し，重要な概念であるゴム弾性について学ぶ．第4章では，高分子ゲルの重要な性質である膨潤と収縮について学ぶ．膨潤・収縮は，高分子ゲルの固体としてのゴム弾性と，溶液としての浸透圧を組み合わせることにより，理解することができる．第5章，第6章では，それぞれ，実用において重要な，大変形に対する力学的な応答と，高分子ゲル中における物質拡散について学ぶ．本書は，高分子

ゲルを理解するための導入書となるように設計した．この書が，高分子ゲル
を理解するうえでの一助になれば幸いである．

本書に執筆にあたり，これまでに共に研究を推進してくれた学生の皆さん
に感謝を申し上げたい．この教科書は，皆さんとともに高分子ゲルについて
学んだ 10 年の集大成である．また，持ち込みの執筆原稿を本という形にま
とめるのにご尽力いただいた，東京大学出版の岸純青氏にも御礼を申し上げ
る．また，筆者の突然のお願いにもかかわらず，表紙のデザインを快くお引
き受けいただいた，イルミナティの仁木洋子様にも感謝申し上げたい．

本書の執筆を筆者に提案し，「教科書の執筆は進んでいますか？　少しず
つでもいいから毎日書かないとダメだよ」と毎日のように声をかけていただ
いた，東京大学教授の鄭雄一先生には，心からの御礼を申し上げたい．鄭先
生がいなければこの本はこの世になかったと断言できる．

最後に，妻 可南子と，千穂，一樹，そして両親に愛を込めて．

平成 29 年 7 月 6 日

酒井　崇匡

目　次

はじめに

1　高分子の基本的性質 ··· 1

1-1　高分子一本鎖の性質　1

1-1-1　高分子鎖の持つ大きさ　2／1-1-2　高分子鎖の粗視化　2／1-1-3　自由連結鎖モデル　4／1-1-4　1次元の理想鎖の末端間距離分布　5／1-1-5　3次元の理想鎖の末端間距離分布　10／1-1-6　理想鎖を引っ張るのに必要な力　13

1-2　単一高分子のスケーリング則　17

1-2-1　理想鎖の延伸についてのスケーリング則　19／1-2-2　理想鎖のまとめ　21／1-2-3　実在鎖の性質　22／1-2-4　実在鎖の延伸についてのスケーリング則　23

コラム 1　相溶網目と非相溶網目　26

2　高分子溶液の性質 ··· 29

2-1　溶液中の高分子鎖の構造　29

2-1-1　2定数モデル　30／2-1-2　理想鎖と実在鎖の存在条件　32

2-2　高分子のコンフォメーションに与える濃度の影響　34

2-2-1　重なり合い濃度　34／2-2-2　準希薄溶液　36／2-2-3　濃度ブロップ　37

2-3　高分子溶液の浸透圧　41

2-3-1　混合によるエントロピー変化　42／2-3-2　混合によるエンタルピー変化　44／2-3-3　浸透圧の基礎式　46／2-3-4　高分子溶液の相分離　49／2-3-5　スケーリングによる浸透圧の予測　52

コラム 2　高分子ゲルのブロップサイズ　55

vi 目次

3 高分子ゲルの定義とゴム弾性 ……………………………………57

3-1 高分子ゲルの定義 59

3-1-1 レオロジーによるゲルの定義 59／3-1-2 散乱実験によるゲルの定義 61

3-2 高分子ゲルの網目サイズ 62

3-3 高分子ゲルの弾性率 65

3-3-1 アフィンネットワークモデル 65／3-3-2 ファントムネットワークモデル 68

3-4 部分鎖と架橋点 77

3-4-1 パーコレートネットワークモデル 79／3-4-2 樹状構造近似 81

3-5 トポロジー相互作用（広義のからみ合い） 85

3-6 ゾル–ゲル転移 88

3-6-1 樹状構造理論によるゲル化点の予測 88／3-6-2 パーコレーションモデルによるゲル化点の予測 89

3-7 高分子ゲルの持つ不均一性 91

コラム 3 弾性変形と塑性変形 93

4 膨潤と収縮 ……………………………………………97

4-1 膨潤・収縮による弾性率の変化 97

4-1-1 理想鎖からなる網目に対する統計力学的アプローチ 98／4-1-2 一般の網目に対するスケーリング論的アプローチ 100／4-1-3 強く収縮した網目に対するスケーリング論的アプローチ 104

4-2 高分子ゲルの平衡膨潤 108

4-2-1 スケーリングによる平衡膨潤状態の予測 109／4-2-2 統計力学を用いた平衡膨潤状態の予測 111

4-3 高分子ゲルの相転移 116

4-3-1 中性ゲルの体積相転移 116／4-3-2 電解質ゲルの体積相転移 120

4-4 高分子ゲルの膨潤・収縮の動力学 122

4-5 高分子ゲルの分解挙動 131

4-5-1 部位特異的切断による分解 131／4-5-2 非特異的切断による分解 133

目次 vii

5 応力‒延伸の関係 ··137

5-1 変形の記述の仕方 137
5-1-1 変位ベクトル 137／5-1-2 ひずみテンソル 138／5-1-3 ひずみの主方向と主ひずみ 142

5-2 現象論的なひずみエネルギー密度関数 145
5-2-1 現象論的なひずみエネルギー密度関数の見積もり方 146

5-3 分子論的なひずみエネルギー密度関数 151
5-3-1 ネオフッキアンモデル 151／5-3-2 逆ランジュバンモデル 153

5-4 大変形下におけるスケーリング的取り扱い 158

5-5 高分子ゲルの破壊挙動 160
5-5-1 Griffith モデル 161／5-5-2 Lake-Thomas モデル 163

5-6 弾性率から求めた網目サイズと延伸性の関係 165

コラム 4 線形粘弾性と非線形粘弾性 170

6 ゲル内における物質拡散 ···175

6-1 熱運動とブラウン運動 175
6-1-1 拡散係数 176／6-1-2 拡散と移動 177

6-2 希薄溶液中での物質拡散 178
6-2-1 剛体球の拡散係数 178／6-2-2 Rouse モデル 179／6-2-3 Zimm モデル 180

6-3 準希薄溶液中やゲル内での高分子の拡散 181
6-3-1 障害物モデル 182／6-3-2 流体力学的モデル 184／6-3-3 自由体積モデル 185／6-3-4 レプテーションモデル 187／6-3-5 エントロピックトラッピングモデル 190

コラム 5 網目サイズと物質拡散 191

索引 195

執筆者および分担 200

1 高分子の基本的性質

1-1 高分子一本鎖の性質

　高分子ゲルとは，高分子の鎖が架橋によってつながれ，3次元の網目構造を形成した物質が溶媒を含んだものである（図1-1）．特に，化学結合のみにより網目構造が作られている場合，系に含まれる網目分子は基本的にはすべて結合していると考えられるために，巨大な1つの分子が多数の溶媒分子を含んだ物質であると考えて差し支えない．たとえば，5%の高分子濃度を持つゲル100 gの中には，5 gの高分子網目が含まれている．この5 gがまるまる1つの分子であるので，分子量は，この分子がアボガドロ数個だけ集まったときの重さであり，分子量は3×10^{24} g/molと非常に巨大なものとなる．ゲルを手にとって引っ張ることは，この大きな分子を引っ張っているということであり，ゲルを構成するすべての高分子の鎖を引っ張っているともいえる．多くの理論において，ゲルの物性が，網目をなす架橋点と架橋点の間の高分子の鎖の物性を基として記述されるのはそのためである．本章では，まずゲルの構成要素である高分子の一本鎖が普遍的にもつ特性を抽出するために必要な考え方について学ぶ．

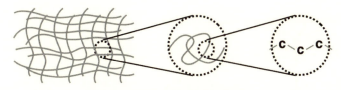

図1-1　高分子ゲルの構造の模式図
高分子網目は，架橋点を結ぶ高分子からなる．

1-1-1 高分子鎖の持つ大きさ

高分子は,多数の原子が連なってできた巨大な線状の分子である.まずは,素朴に高分子の持つ形状について考えてみるために,4つの炭素からなる高分子の局所構造について見てみよう(図 1-2).モノマー間の結合が炭素間の単結合であるとすれば,各モノマー間距離はおおよそ 1.5 Å 程度である.また,炭素間が単結合でつながっているとすれば,結合角 θ は,基本的に 109.5° で一定である.結合長と結合角を一定としても,ϕ で表される結合軸周りの回転は可能である.回転自由度はあるものの,実際には立体障害のために,trans ($\phi=0°$) または gauche ($\phi=\pm 120°$) と呼ばれる安定な角度を取る.このようにして 100 個程度のモノマーが連なった高分子はどのような形状と大きさをもつだろうか?

たとえば,すべての結合が trans 型をとるとすると,ポリマーは伸びた形を取り,その末端間距離はおおよそ 25 nm になる.逆にすべてが gauche の場合はらせん構造を取ることになり,末端間距離はだいぶ短くなる.ある特別な高分子・環境においては,その様な構造を取らせることも可能であるが,実際の高分子では,trans と gauche がランダムに存在し,高分子はもっと複雑な構造を有する.しかし,以下に示す考え方を使うと,十分に長い高分子は,モノマーユニットの詳細によらずおおよそ同じような性質を持った鎖だと考えることが可能となる.

1-1-2 高分子鎖の粗視化

ここで,高分子を取り扱う上で重要な考え方である"粗視化"を導入する."粗視化"とは,興味ある現象に普遍的な特性を理解するための方法論の1つ

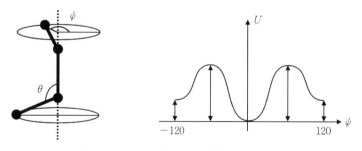

図 1-2 4つの炭素からなる高分子の局所構造

である．イメージとしては，細かいことは気にしないようにすることによって，注目していない要因を排除し，大まかな特性を理解する方法論と言えばよいだろうか．

さて，具体的に粗視化を行っていこう．最初に行う粗視化は，「すべての結合において，結合長は一定であるが，結合角は自由に取りうることにしてしまおう」である．先ほどの議論からするとかなり飛躍がある．そもそも，結合角はおおよそ109.5°で一定であるはずだし，配座にしても trans か gauche しか取りえないはずである．しかしながら，ただ1つ考え方を導入することによって，この粗視化は正当化される．それは「いくつかのモノマーをまとめて，1つのセグメントとして考えてしまおう」である．ある高分子の3個のモノマーを1個のセグメントに粗視化したときの例を図1-3に示す．図に示されるように，3個の結合を経ると，セグメント間の角度はかなり自由なものとなり，1つ1つのモノマーの個性など完全に消失しているようにみえる．"モノマーの個性の消失"は，高分子物理においてきわめて重要である．なぜならば，そのような条件下においてのみ，我々は高分子の普遍的な特性を抽出することができるからである．セグメント間のなす角度が自由に取れると見なせるようにとった最小のセグメントの長さを保持長（persistence length）と呼び，それぞれの高分子に特有の値である．逆に言うと，適切な保持長を有するセグメントを取ることにより，すべての高分子の末端間距離を，自由な結合角度を持つセグメントが連結した鎖のサイズとして，求めることができるようになる．本書では，de Gennes のやり方に従い [1]，単純のためにモノマー自体を自由な結合角度を持つセグメントとして取り扱うことのできるような高分子について考えることとする．すなわち，モノマー長

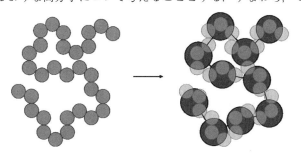

図1-3　高分子のモノマーの粗視化の例

4　1　高分子の基本的性質

は保持長と，重合度はセグメント数と同義であるとして，議論を進める．

1-1-3　自由連結鎖モデル

　この自由な回転角度を持つセグメントからなる鎖は自由連結鎖モデルによる取り扱いが可能である [2,3,4]．高分子が N 個の a の大きさをもったベクトル（$\mathbf{a}_i$）からなるとすると，高分子の末端間変位（$\mathbf{r}$）は以下のように書き表される．

$$\mathbf{r} = \mathbf{a}_1 + \mathbf{a}_2 + \cdots + \mathbf{a}_N \tag{1-1}$$

各々のベクトルが保持長程度の長さを持つとすれば，ベクトル間の回転角は完全にランダムだと考えていいだろう．さて，$\mathbf{r}$ はおおよそどのくらいの大きさを持つだろうか？　最初から 3 次元の問題だと必要以上に難しく考えてしまうかもしれないので，まずは 1 次元における問題について考えてみよう．この問題の 1 次元バージョンは，実は以下のおなじみの問題である．

> 原点からスタートして，1 回のステップで $+a$ もしくは $-a$ と等確率で進むような試行を N 回繰り返したとき，原点からどのくらい離れた場所にいるだろうか？

すなわち，1 次元のランダムウォーク（random walk）と呼ばれる，高校の数学で頻出のコインを投げる問題と等価である．この場合，変位 x は期待値という形で次のように計算することができる．

$$
\begin{aligned}
r &= a\Bigg(-N\binom{N}{0}\left(\frac{1}{2}\right)^N - (N-2)\binom{N}{1}\left(\frac{1}{2}\right)^{N-1}\left(\frac{1}{2}\right) + \\
&\quad \cdots + (N-2)\binom{N}{1}\left(\frac{1}{2}\right)\left(\frac{1}{2}\right)^{N-1} + N\binom{N}{0}\left(\frac{1}{2}\right)^N\Bigg) \\
&= a\Bigg[N\left\{-\binom{N}{0}\left(\frac{1}{2}\right)^N + \binom{N}{0}\left(\frac{1}{2}\right)^N\right\} \\
&\quad + (N-2)\left\{-\binom{N}{1}\left(\frac{1}{2}\right)^{N-1}\left(\frac{1}{2}\right) + \binom{N}{1}\left(\frac{1}{2}\right)\left(\frac{1}{2}\right)^{N-1}\right\} + \cdots\Bigg] = 0
\end{aligned}
\tag{1-2}
$$

結果として r は 0 になってしまうが，これは本質ではない．なぜならば，式

より明らかに，$-r$ と r に到達する場合は等しい確率を持つために，お互いにキャンセルしてしまうためである．$-r$ と r に到達した場合は，いずれも末端間距離は r であると考える必要がある．高分子の大きさを正しく評価するためには，変位ではなく，変位の絶対値に着目する必要がある．一般的に，変位の絶対値の平均値は 2 乗平均（$\langle r^2 \rangle$）の平方根によって得られる．さあ，ここからは 3 次元に話を戻して，2 乗平均を求めよう．一般の 3 次元ベクトル $\mathbf{r}$ に対して，$\langle r^2 \rangle$ は以下のように算出される．

$$\langle r^2 \rangle = \mathbf{r} \cdot \mathbf{r} = (\mathbf{a}_1 + \mathbf{a}_2 + \cdots + \mathbf{a}_N)(\mathbf{a}_1 + \mathbf{a}_2 + \cdots + \mathbf{a}_N)$$
$$= \sum_{i=1}^{N} \mathbf{a}_i{}^2 + \sum_{i \neq j}^{N}\sum^{N} \mathbf{a}_i \mathbf{a}_j = Na^2 \tag{1-3}$$

ここで，各々のジャンプベクトルは無相関であるために，$\mathbf{a}_i \mathbf{a}_j = 0 (i \neq j)$ であることを用いた（結合角の平均値が $90°$ となるので，$\cos\theta = 0$ となる）．3 次元的に等方的であることを考慮すると，高分子は $aN^{1/2}$ の直径を持つ球であるといえる．

　1 次元の問題において，ベクトル同士が重なり合うことが可能であることに違和感を覚えている人もいるかもしれない．3 次元空間においては，重なり合いは大きく減少するものの，この仮定の下ではモノマーユニット間の重なり合いが許される．このような，モノマーユニット間の相互作用を考えない高分子のことを，理想鎖（ideal chain）とよぶ [2, 3, 4]．この名前は，分子自体の体積が考慮されていない気体である理想気体とのアナロジーである．実在の高分子では，モノマーセグメント同士の重なり合いはもちろん許されないために，このモデルは特別な場合を除いて正しくない．しかしながら，多くのモデルは重なり合いを許すこのモデルを基として構築されている．それは，このモデルの下では，高分子鎖の末端間距離がガウス分布に従うためである．ガウス分布は非常に素性の良い統計であり，ガウス分布の下ではさまざまな物理量が比較的簡便に予測可能である．次項では，理想鎖がガウス分布を用いて記述可能であることを示す．

1-1-4　1 次元の理想鎖の末端間距離分布

　前項では，理想鎖の持つおおよその大きさを求めた．確率論的な性格が強

6   1 高分子の基本的性質

いことから，理想鎖の大きさが分布を持っていることは想像に難くないだろ
う．そこで，本項ではまず理想鎖がある末端間距離 x を持つ確率について考
える．ここでも，やはり 1 次元の話から始めよう．先ほどの 1 次元の問題で，
N 回進んだときに，＋方向に進んだ回数を N_+，－方向に進んだ回数を N_-
とすると，以下の関係式が得られる．

$$N = N_+ + N_- \tag{1-4}$$

$$x = N_+ - N_- \tag{1-5}$$

簡単のために，1 ステップの長さ a は 1 であるとした．ここで，N 回進んだ
ときに，x に到達する場合の数 $W(N, x)$ について考える．式 (1-4)，(1-5)
より，x まで到達するための N_+ と N_- のセットは一意に決まるために，
$W(N, x)$ は，N_+ 個の＋と N_- 個の－を並べ替える場合の数と同等である
（図 1-4）．

$$W(N, x) = \binom{N}{N_+} = \frac{N!}{(N-N_+)! \, N_+!} = \frac{N!}{\left(\dfrac{N+x}{2}\right)! \left(\dfrac{N-x}{2}\right)!} \tag{1-6}$$

　一方で，N 回進んだときに取りうる道筋の総数は，2 択を N 回繰り返す試
行の総数であるため，2^N である．よって，N 回の試行の後に，x に到達する
確率は，以下のように表される．

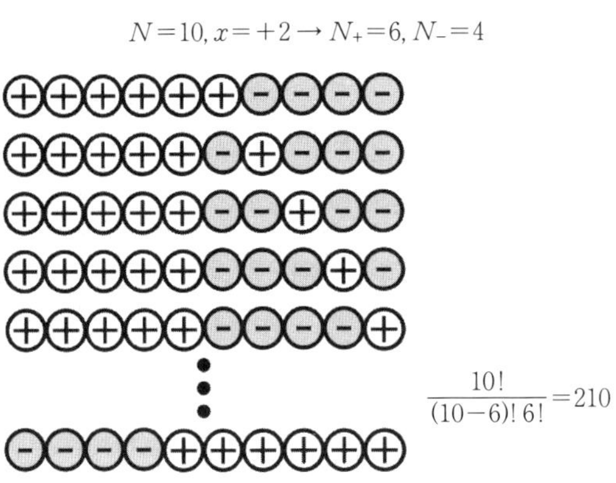

$N = 10, x = +2 \rightarrow N_+ = 6, N_- = 4$

$\dfrac{10!}{(10-6)! \, 6!} = 210$

図 1-4　N 回進んだときに，x に
到達する場合の数
$N = 10, x = +2$ の場合．

$$\frac{W(N,x)}{2^N} = \frac{N!}{2^N\left(\dfrac{N+x}{2}\right)!\left(\dfrac{N-x}{2}\right)!} \tag{1-7}$$

この値をすべての N について厳密に計算することは，きわめて骨の折れる作業である．しかしながら，N の十分に大きな極限において適切な近似を行うと，この式はガウス分布に帰着する．Rubinstein のやり方に従って解いていこう [4]．まずは，両辺の自然対数をとる．

$$\ln\left(\frac{W(N,x)}{2^N}\right) = \ln N! - N\ln 2 - \ln\left(\frac{N+x}{2}\right)! - \ln\left(\frac{N-x}{2}\right)! \tag{1-8}$$

後ろの2項は，それぞれ以下のように書き下される．

$$\ln\left(\frac{N+x}{2}\right)! = \ln\left[\left(\frac{N}{2}+\frac{x}{2}\right)\left(\frac{N}{2}+\frac{x}{2}-1\right)\cdots\left(\frac{N}{2}+2\right)\left(\frac{N}{2}+1\right)\cdot\left(\frac{N}{2}\right)!\right]$$

$$= \ln\left(\frac{N}{2}\right)! + \sum_{s=1}^{\frac{x}{2}}\ln\left(\frac{N}{2}+s\right) \tag{1-9}$$

$$\ln\left(\frac{N-x}{2}\right)! = \ln\left(\frac{N}{2}\right)! - \sum_{s=1}^{\frac{x}{2}}\ln\left(\frac{N}{2}+1-s\right) \tag{1-10}$$

式 (1-9)，(1-10) を式 (1-8) に代入すると，以下のようになる．

$$\ln\left(\frac{W(N,x)}{2^N}\right)$$

$$= \ln N! - N\ln 2 - 2\ln\left(\frac{N}{2}\right)! - \sum_{s=1}^{\frac{x}{2}}\ln\left(\frac{N}{2}+s\right) + \sum_{s=1}^{\frac{x}{2}}\ln\left(\frac{N}{2}+1-s\right)$$

$$= \ln N! - N\ln 2 - 2\ln\left(\frac{N}{2}\right)! - \sum_{s=1}^{\frac{x}{2}}\ln\frac{\left(\dfrac{N}{2}+s\right)}{\left(\dfrac{N}{2}+1-s\right)} \tag{1-11}$$

次に，式 (1-11) の第4項について考える．

8　1　高分子の基本的性質

$$\ln\frac{\left(\dfrac{N}{2}+s\right)}{\left(\dfrac{N}{2}+1-s\right)} = \ln\frac{\left(1+\dfrac{2s}{N}\right)}{\left(1+\dfrac{2-2s}{N}\right)} = \ln\left(1+\frac{2s}{N}\right)-\ln\left(1+\frac{2-2s}{N}\right) \quad (1\text{-}12)$$

ここで，s と N の関係について重要な近似を行う．s は最大で $N/2$ であり，その事象の場合の数はわずかに 1 である．多くの場合，s は原点の付近にとどまるのであり（1 次元のランダムウォークを参照），N よりは十分に小さい．ここで，確率が小さい s の大きい場合を除外し，$s \ll N$ である場合について限定すれば，テイラー展開（$\ln(1+y) \approx y$）を用いて，さらに式を変形できる．

$$\ln\left(1+\frac{2s}{N}\right)-\ln\left(1+\frac{2-2s}{N}\right) \cong \frac{2s}{N}-\frac{2-2s}{N} = \frac{4s}{N}-\frac{2}{N} \quad (1\text{-}13)$$

式（1-11）に代入すると，

$$\begin{aligned}
\ln\left(\frac{W(N,x)}{2^N}\right) &= \ln N! - N\ln 2 - 2\ln\left(\frac{N}{2}\right)! - \sum_{s=1}^{\frac{x}{2}}\left(\frac{4s}{N}-\frac{2}{N}\right) \\
&= \ln N! - N\ln 2 - 2\ln\left(\frac{N}{2}\right)! - \frac{4}{N}\sum_{s=1}^{\frac{x}{2}}s + \frac{2}{N}\sum_{s=1}^{\frac{x}{2}}1 \\
&= \ln N! - N\ln 2 - 2\ln\left(\frac{N}{2}\right)! - \frac{4}{N}\frac{\left(\dfrac{x}{2}\right)\left(\dfrac{x}{2}+1\right)}{2} + \frac{2}{N}\frac{x}{2} \\
&= \ln N! - N\ln 2 - 2\ln\left(\frac{N}{2}\right)! - \frac{x^2}{2N} \quad (1\text{-}14)
\end{aligned}$$

式（1-15）に示す，Starling の近似式を用いると，

$$N! \cong \sqrt{2\pi N}\left(\frac{N}{e}\right)^N \text{ for } N \gg 1 \quad (1\text{-}15)$$

$$\begin{aligned}
\ln\left(\frac{W(N,x)}{2^N}\right) &= \ln N! - N\ln 2 - 2\ln\left(\frac{N}{2}\right)! - \frac{x^2}{2N} \\
&= \ln\left(\sqrt{2\pi N}\left(\frac{N}{e}\right)^N\right) - N\ln 2 - 2\ln\left(\sqrt{\pi N}\left(\frac{N}{2e}\right)^{\frac{N}{2}}\right) - \frac{x^2}{2N}
\end{aligned}$$

$$= \ln \sqrt{2\pi N} + N \ln \frac{N}{e} - N \ln 2 - \ln \pi N - N \ln \frac{N}{2e} - \frac{x^2}{2N}$$

$$= \ln\left(\sqrt{\frac{2}{\pi N}}\right) - \frac{x^2}{2N} \tag{1-16}$$

よって，N 歩で x まで至る確率は以下のように記述される．

$$\frac{W(N, x)}{2^N} = \sqrt{\frac{2}{\pi N}} \exp\left(-\frac{x^2}{2N}\right) \tag{1-17}$$

ここで，x を連続値とし，この関数を連続関数としてみると，1 次元ランダムウォークの末端間距離が x となる場合の確率密度分布と見なすことができる．まずは，$-\infty$ から ∞ まで積分してみよう．

$$\int_{-\infty}^{\infty} \frac{W(N, x)}{2^N} \mathrm{d}x = \sqrt{\frac{2}{\pi N}} \int_{-\infty}^{\infty} \exp\left(-\frac{x^2}{2N}\right) \mathrm{d}x = \sqrt{\frac{2}{\pi N}} \cdot \sqrt{2\pi N} = 2 \tag{1-18}$$

この計算は，"確率の和"を計算していることに対応しているために，積分値は 1 であることが自然である．積分値が 2 倍になっているのは，x を連続値としたときの手続きに由来している．表 1-1 に示すように，格子点空間では，N が偶数の場合，x が奇数になる確率は 0 である．一方で，N が奇数の場合は，x が偶数になる確率は 0 である．よって，いずれの場合にも，x を 1，2，3… と変化させていくと，その確率は有限値と 0 を交互に繰り返す（表 1-1）．すなわち，不連続な関数を無理矢理連続関数とみなしたことが問題だったわけである．

式 (1-17) を 2 で除することにより，1 次元ランダムウォークの確率密度関数（$P_{1D}(N, x)$）を得ることができる．

表 1-1　N 歩で x に至る場合の数

x		-4	-3	-2	-1	0	1	2	3	4
$W(N, x)$	$N=3$	0	1	0	3	0	3	0	1	0
	$N=4$	1	0	4	0	6	0	4	0	1

10　1　高分子の基本的性質

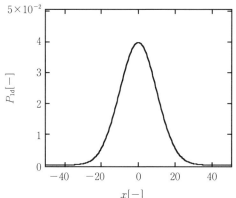

図 1-5　1次元のガウス分布型の確率密度分布（P_{1D} with $a=1, N=100$）

$$P_{1D}(N, x) = \frac{1}{\sqrt{2\pi N}} \exp\left(-\frac{x^2}{2N}\right) \tag{1-19}$$

この式は，平均値（$\langle x \rangle$）が 0，分散（$\langle x^2 \rangle$）が N のガウス分布にほかならない（図 1-5）．ガウス分布は一般的に以下の式で書き表される．

$$f(x) = \frac{1}{\sqrt{2\pi \langle x^2 \rangle}} \exp\left(-\frac{(x-\langle x \rangle)^2}{2\langle x^2 \rangle}\right) \tag{1-20}$$

1次元の問題の最後に，式 (1-20) を任意のステップ長に拡張しておこう．さきほどの計算の始めに1ステップの長さを1としたが，これまでと同様，任意の値 a であるとすれば，$\langle x \rangle=0, \langle x^2 \rangle=a^2 N$ となるため，以下の式を得る．

$$P_{1D}(N, x) = \frac{1}{\sqrt{2\pi a^2 N}} \exp\left(-\frac{x^2}{2a^2 N}\right) \tag{1-21}$$

1-1-5　3次元の理想鎖の末端間距離分布

次に，3次元への拡張を行う．3次元空間において，片末端が原点，もう片方の末端が $\mathbf{r} = (r_x, r_y, r_z)$ に存在する確率は，以下のように表される．

$$P_{3D}(N, \mathbf{r})dr_x dr_y dr_z = P_{1D}(N, r_x)dr_x \cdot P_{1D}(N, r_y)dr_y \cdot P_{1D}(N, r_z)dr_z \tag{1-22}$$

また，$\mathbf{r}$ の2乗平均を式 (1-3) より求め，さらに空間的等方性を仮定すると，以下の式を得ることができる．

$$\langle \mathbf{r}^2 \rangle = \langle r_x{}^2 \rangle + \langle r_y{}^2 \rangle + \langle r_z{}^2 \rangle = Na^2$$

$$\langle r_x{}^2 \rangle = \langle r_y{}^2 \rangle = \langle r_z{}^2 \rangle = \frac{Na^2}{3} \tag{1-23}$$

ここで，簡単のために x 軸成分についてのみ考え，式 (1-21)，(1-23) を用いると，以下の式を得る．

$$P_{1\mathrm{D}}(N, r_x) = \frac{1}{\sqrt{2\pi \langle r_x{}^2 \rangle}} \exp\!\left(-\frac{r_x{}^2}{2\langle r_x{}^2 \rangle}\right) = \sqrt{\frac{3}{2\pi Na^2}} \exp\!\left(-\frac{3r_x{}^2}{2Na^2}\right)$$
$$\tag{1-24}$$

y, z 成分を同様に算出し，式 (1-22) に代入すると，以下の式を得る．

$$P_{3\mathrm{D}}(N, \mathbf{r}) = P_{1\mathrm{D}}(N, r_x) \cdot P_{1\mathrm{D}}(N, r_y) \cdot P_{1\mathrm{D}}(N, r_z)$$

$$= \left(\frac{3}{2\pi Na^2}\right)^{\frac{3}{2}} \exp\!\left(-\frac{3(r_x{}^2 + r_y{}^2 + r_z{}^2)}{2Na^2}\right)$$

$$= \left(\frac{3}{2\pi Na^2}\right)^{\frac{3}{2}} \exp\!\left(-\frac{3\mathbf{r}^2}{2Na^2}\right) \tag{1-25}$$

式 (1-21) と見比べると，1次元と3次元で確率密度関数は，ほぼ同じであることがわかる．しかしながら，両末端間距離が $|\mathbf{r}|$ になる確率分布は1次元と3次元では大きく異なる．1次元においては，両末端間距離が $|\mathbf{r}|$ になる確率は，$-r$ と $+r$ になる場合の2通りずつを考えればいいために，確率分布（$\mathbf{r} \neq 0$）は以下のように書ける．

$$Pr_{1\mathrm{D}}(N, |\mathbf{r}|) = 2\sqrt{\frac{1}{2\pi Na^2}} \exp\!\left(-\frac{\mathbf{r}^2}{2Na^2}\right)$$

$$= \sqrt{\frac{2}{\pi Na^2}} \exp\!\left(-\frac{\mathbf{r}^2}{2Na^2}\right) \tag{1-26}$$

$\mathbf{r}=0$ となる場合は1つしかないために，$\mathbf{r}=0$ のときのみ以下のようになる．

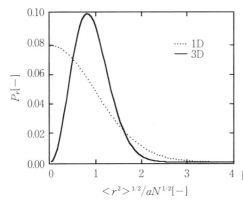

図 1-6 1次元と3次元の末端間距離の確率分布

$$Pr_{1D}(N, |\mathbf{r}|) = \sqrt{\frac{1}{2\pi Na^2}} \exp\left(-\frac{\mathbf{r}^2}{2Na^2}\right) \tag{1-27}$$

次に3次元について考える．末端間距離が $|\mathbf{r}|$ になる場合は，半径が $|\mathbf{r}|$ の球殻上に存在するために，多重度の因子である $4\pi r^2$ を考慮すると，確率分布は以下のように書ける．

$$Pr_{3D}(N, |\mathbf{r}|) = 4\pi r^2 \left(\frac{3}{2\pi Na^2}\right)^{\frac{3}{2}} \exp\left(-\frac{3\mathbf{r}^2}{2Na^2}\right) \tag{1-28}$$

図 1-6 に1次元と3次元の末端間距離の確率分布を示す．1次元と3次元では様相がまったく異なり，1次元では $r=0$ 付近に極大値があるのに対して，3次元では $aN^{1/2}$ 付近に極大値がある．注目すべきは，3次元においては，ランダムコイルが原点付近に帰ってくる確率が，ほぼ0となる点である．1次元と3次元で，確率密度分布自体には大きな違いがなかったために，この違いが多重度の因子である $4\pi r^2$ に起因することは明らかである．3次元空間において，$|\mathbf{r}|=0$ を満たすのは，$r_x = r_y = r_z = 0$ のときのみであるのに対して，$|\mathbf{r}|$ が有限の正の値のときには，$r_x^2 + r_y^2 + r_z^2 = |\mathbf{r}|^2$ となるいかなる r_x, r_y, r_z の組み合わせも含まれる．この多重度の違いが，1次元と3次元の確率分布に大きな変化をもたらしている．

1-1-6 理想鎖を引っ張るのに必要な力

理想鎖の考察の最後に，理想鎖を引っ張るのに必要な力を見積もってみよう．等温・等圧過程を考えると，ヘルムホルツの自由エネルギー（F）は，エンタルピー（U）とエントロピー（S）を用いて以下のように書き表される．

$$F = U - TS \tag{1-29}$$

よって，延伸によって両末端間距離を r まで引き伸ばしたときの自由エネルギーの変化は以下のように書き表される．

$$\Delta F = \Delta U - T\Delta S = \{U(N, \mathbf{r}) - U(N, 0)\} - T\{S(N, \mathbf{r}) - S(N, 0)\} \tag{1-30}$$

ここで，注意すべきは，基準状態が $\mathbf{r}=0$ となっている点である．この点については後述することとして，議論を先に進めよう．エントロピーは，定義より以下のように表される．

$$S = k \ln \Omega \tag{1-31}$$

ここで，Ω はモノマー数 N で末端間距離が $\mathbf{r}$ である理想鎖の取りうるコンフォメーションの場合の数である．一方で定義より，Ω は以下のように書ける．

$$P_{\mathrm{3D}}(N, \mathbf{r}) = \frac{\Omega(N, \mathbf{r})}{\displaystyle\int \Omega(N, \mathbf{r})\mathrm{d}\mathbf{r}} \tag{1-32}$$

式（1-31），（1-32）より，以下の式を得ることができる．

$$S = k \ln\!\Big(P_{\mathrm{3D}}(N, \mathbf{r}) \cdot \int \Omega(N, \mathbf{r})\mathrm{d}\mathbf{r} \Big) \tag{1-33}$$

次にエンタルピー変化（ΔU）について考えるが，結果から言うと，理想鎖を延伸する際には，エンタルピーには変化はない．というのも，わざわざ結合長や結合角などエンタルピーに関連するパラメーターを変えなくとも，結合角の回転自由度だけで，大きな変形が可能だからである．そのため，高分子を変形したときのエネルギー変化は，主にコンフォメーションエントロピ

14　1　高分子の基本的性質

ーに由来する．このエントロピーに由来する弾性は，金属やセラミックスなどのエンタルピーに由来する弾性とはまったく異なる性質を持ち，エントロピー弾性と呼ばれる．ここまでを踏まえて計算すると，延伸によるエネルギー変化は以下のように書き表される．

$$-\frac{\Delta F}{T} = S(N, \mathbf{r}) - S(N, \mathbf{0}) = k \ln\Big(P_{3\mathrm{D}}(N, \mathbf{r}) \int \Omega(N, \mathbf{r})\mathrm{d}\mathbf{r}\Big)$$

$$-k \ln\Big(P_{3\mathrm{D}}(N, \mathbf{0}) \int \Omega(N, \mathbf{r})\mathrm{d}\mathbf{r}\Big)$$

$$= k \ln\frac{P_{3\mathrm{D}}(N, \mathbf{r})}{P_{3\mathrm{D}}(N, \mathbf{0})} + k\Big\{\ln \int \Omega(N, \mathbf{r})\mathrm{d}\mathbf{r} - \ln \int \Omega(N, \mathbf{r})\mathrm{d}\mathbf{r}\Big\} \quad (1\text{-}34)$$

ここで，$\int \Omega(N, \mathbf{r})\mathrm{d}\mathbf{r}$ は場合の数の総数であり，さきほどの 1 次元の問題でいうところの 2^N に対応する．よって，$\int \Omega(N, \mathbf{r})\mathrm{d}\mathbf{r}$ は $\mathbf{r}$ に依存せず，式 (1-34) の第 2 項は 0 となる．さらに，式 (1-25) を用いると，

$$-\frac{\Delta F}{T} = k \ln\frac{P_{3\mathrm{D}}(N, \mathbf{r})}{P_{3\mathrm{D}}(N, \mathbf{0})} = k \ln\frac{\left(\dfrac{3}{2\pi Na^2}\right)^{\frac{3}{2}} \exp\left(-\dfrac{3r^2}{2Na^2}\right)}{\left(\dfrac{3}{2\pi Na^2}\right)^{\frac{3}{2}}} = -\frac{3kr^2}{2Na^2}$$

$$(1\text{-}35)$$

最後に，理想鎖の末端間距離が $R_0 = aN^{1/2}$ であることを用いると，以下の式を得ることができる．

$$\Delta F = \frac{3kTr^2}{2Na^2} = \frac{3kT}{2R_0{}^2}r^2 \quad (1\text{-}36)$$

次に，鎖を延伸するのに必要な力 f を計算しよう．f は自由エネルギー変化（ΔF）を変位（r）で微分することによって得られる．

$$f = \frac{\partial \Delta F}{\partial r} = -T\frac{\partial S}{\partial r} = \frac{3kT}{Na^2}r = \frac{3kT}{R_0{}^2}r \quad (1\text{-}37)$$

この式において，力が変位に比例していることより，高分子の弾性はフック

の法則に従うことがわかる．すなわち，一本鎖はバネ定数が $3kT/R_0^2$ であるバネであると考えることができる．この弾性体は，高分子が長くなったり，温度が低下すると，柔らかくなる．ここでの重要なことは，比例定数の主要部が素朴な熱運動が持つエネルギー kT である点である．図1-7は，この物理的描像を表した図である．ここでは，多数の子供（モノマー）が手をつないでいて，各々自由に動きまわっている（熱運動）．両端の子供が持っている旗の間の距離を少しだけ遠ざけることを考えてみよう．両端間の距離が短ければ，ある程度簡単に旗を引き離すことができるかもしれないが，どんどん引き離していくと，子どもたちの自由な運動を阻害するために，強い抵抗を受けるであろう．また，子供の動きが速くなれば，必要な力が強くなることが直感的に理解できるであろう．高分子を引っ張るときにも，本質的にはこれと同じことが起きている．すなわち，高分子の持つ弾性エネルギーは，モノマー単位の熱ゆらぎに起因している．

また，このバネは有限の長さを持つことも忘れてはいけない．このバネは，最長でおおよそ aN までしか伸びることはない．ガウス分布に従うのは，あくまで小さな変形に対してであり（式（1-13）），ある一定以上引き伸ばした際には，力は式（1-37）の予測よりも大きくなり，いずれ発散する．ここで，初期長である $R_0 = aN^{1/2}$ と最大長である aN を用いると，ある高分子鎖がどのくらい伸びるかを概算することができる（Kuhn モデル）[5]．最大延伸比（$\lambda_{\max}$）は以下のように予測される．

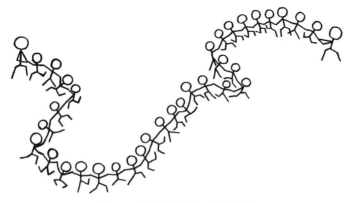

図1-7　高分子弾性体の物理的描像

16　1　高分子の基本的性質

$$\lambda_{\max} = \frac{aN}{R_0} = \frac{aN}{aN^{\frac{1}{2}}} = N^{\frac{1}{2}} \qquad (1\text{-}38)$$

この式より，N が大きければ大きいほどよく伸びることが予想される．

　ここでもう一度式 (1-30) に立ち返り，基準状態が $r=0$ である理由について考えよう．これは一見すると式 (1-28) や図 1-6 と矛盾する．なぜならば，3 次元において最も達成される確率の高い末端間距離は $aN^{1/2}$ 付近にあり，エントロピー弾性の原理からすると，基準状態はむしろ $r=aN^{1/2}$ でありそうだからである．$r=0$ のときに最安定になるという仮定は，3 次元よりも，むしろ 1 次元の結果と対応しているように見える．実は，ここに問題の本質がある．いったん，高分子の両末端を固定して，引っ張り始めた段階で，末端間ベクトル **r** は初期のベクトル方向にしか変形されないのであって，軸方向が変化することはない．よって，$4\pi r^2$ 分の多重度が失われ，その結果として 1 次元の問題に帰着し，$r=0$ のときが基準状態かつエネルギー最安定状態となってしまう．このために，以下のようなおかしなことが起こる．3 次元空間において高分子を見つけてきた場合，その末端間距離はおおよそ $aN^{1/2}$ であるにもかかわらず，その両末端をつまんだ瞬間に，最安定の末端間距離は 0 となる．すなわち，つまんだ先から鎖が自動的に収縮してしまうのである．

　この現象が問題を引き起こす具体例を 1 つ挙げよう．理想鎖の統計結果を用いて，高分子網目のシミュレーションを行うことを考えてみてほしい．まずは，架橋点間距離がおおよそ $aN^{1/2}$ となるように，重合度が N の理想鎖を配置し，各々の末端間を架橋する．この方法によって，各々の網目の架橋点間距離がおおよそ $aN^{1/2}$ であるような，網目構造を作ることができる．この構造は，たとえば，両末端に官能基を持つような高分子を架橋剤によって網目にしたのと似た構造を持つ．次に，各々の高分子鎖に高分子一本鎖のポテンシャルである式 (1-36) を当てはめてみる．すると，高分子鎖はみるみる縮んでいき，それに伴いゲルも縮んでしまうであろう．このように，理想鎖の結果をそのまま使ってしまうと，通常では起こりえないような帰結を得ることになってしまう．同様の問題は，高分子一本鎖の力学特性から高分子網目の力学特性を予測する際にも起こりうる．

本節で行った解析的手法は，数式的な取り扱いが可能なため，細かい係数についてまで議論することが可能である．一方で，難解な数式を解く必要があるし直感的でないという問題点もある．また，ある限定的な条件において厳密な解を得ることができるが，もっと普遍的な振る舞いを大雑把に把握するのには向いていない．たとえば，理想鎖よりも実在の鎖に近い実在鎖について力と変位の関係を解析的に求めるのは事実上不可能である．それに対して，スケーリングという考え方を用いれば，細かい係数などは得られないものの，ベキ乗則という形で高分子の振る舞いを定式化することができる．スケーリング理論は Pierre-Gilles de Gennes によって初めて高分子に適用された，高分子を"粗視化"するのにきわめて適した理論である．スケーリング理論を用いることによって，多くの高分子の普遍的な特性が予測され，実験的に実証されてきた．本書では，必要に応じて解析的な記述，スケーリング的な記述，もしくは両者を示す．スケーリング理論の導入として次節では，理想鎖のスケーリング則について述べる．

1-2 単一高分子のスケーリング則

スケーリング則とは，大雑把に言うと，ある物理量を変化させたときに，興味ある物理量がどのように変化するかを記述するベキ乗の関係式のことである．たとえば，球の半径（r）と体積（V）の関係について考えてみよう．

$$V = \frac{4}{3}\pi r^3 \tag{1-39}$$

この式の本質はどこにあるだろうか？　もちろん，若い頃はこの関係式を覚えておくことが重要であった．しかし，ある程度の年齢になると，球の体積を直接求めることはほとんどない．しかし，以下のような問題ならば，遭遇する可能性は少なくない．

半径が2倍違う球の体積は何倍違うだろう？

この問題を考えるときに，わざわざ2つの球のサイズから体積を求めた後，比を求めるという計算をするだろうか？　そんなことをしなくても，体積が半径の3乗であることだけを使えば，$2^3 = 8$倍という関係はすぐに求められ

18　1　高分子の基本的性質

る．このことから，ベキ乗の関係が，物理的に重要な意味を持つことは何と
なく理解していただけるだろう．スケーリング則では，注目する物理量間の
ベキ乗の関係のみに着目する．よって，球の半径と体積の間のスケーリング
則は，以下のように書き表される．

$$V \sim r^3 \qquad (1\text{-}40)$$

ここで‘$\sim$’は，比例していることを表す．式から重要でない係数部分はな
くなり，かなり大胆に"粗視化"された．その結果，この式は3次元における
物体の体積と代表長さを関係づける式へと変化した．このように，スケーリ
ングという粗視化によって細かな情報は失われるが，一方で関係は一般化さ
れる．スケーリング則のもつこのような普遍性は，高分子の種類によらない
普遍的な関係を記述するのにとても都合がいい．実際に，de Gennes により，
高分子の多くの物理量についてのスケーリング則が予測され，実験的に実証
されてきた [1]．本書では，高分子ゲルを理解するのに重要なスケーリング
則についてのみ紹介するが，広く高分子について学びたい場合は，ぜひとも
原書をあたっていただきたい．さて，本書でも，ここまでで少なくとも2つ
のスケーリング則が導かれている．1つは理想鎖の$\langle r^2 \rangle$についてである．
式（1-3）より，$\langle r^2 \rangle$のスケーリング則は以下のように書ける．

$$\langle r^2 \rangle \sim N \qquad (1\text{-}41)$$

理想鎖の広がりの2乗平均は，重合度に比例するというきわめてシンプルな
関係が示されている．このスケーリング則より，理想鎖の特徴を垣間見るこ
とができる．一般的に，等方的な D 次元物体においては，特徴的な長さ x と
重さ w の間には，以下のような関係がある（図1-8）．

$$w \sim x^D \qquad (1\text{-}42)$$

すなわち，1次元では重さは長さと比例し，3次元では重さは長さの3乗と比
例する．では，理想鎖はどうだろうか？　重合度と重さが比例しているとす
ると（$w \sim N$），以下の式が得られる．

$$w \sim N \sim \langle r^2 \rangle \sim x^2 \qquad (1\text{-}43)$$

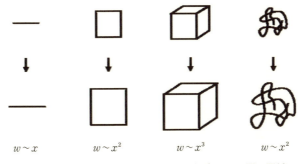

$w \sim x$　　　$w \sim x^2$　　　$w \sim x^3$　　　$w \sim x^2$

図 1-8　等方的な D 次元物体の長さ x と重さ w の間の関係

理想鎖の重さは長さの2乗に比例していることが，スケーリング則により明らかになった．つまり，理想鎖は等方的な3次元の物体にもかかわらず，2次元の構造を有しているのである．一般に，フラクタル性を持つ構造は，このような拡張された次元を持つことが知られており，その次元のことをフラクタル次元と呼ぶ．よって，ランダムコイルは2次元のフラクタル構造を持つということができる．

1-2-1　理想鎖の延伸についてのスケーリング則

ここまでにでてきたもう1つの重要なスケーリング則は，理想鎖の延伸における，変位と力の関係である（$f \sim r$）．本項では，スケーリング理論を用いて，理想鎖の大きさ（$R_0 = aN^{1/2}$）より，理想鎖を引っ張るのに必要な力を求めてみよう．de Gennes によると，以下の2つの条件より，この関係を求めることができる．

1. 延伸後の長さ（R）は張力（f），温度（T），延伸前の長さ（R_0）のみに依存すると予測される．
2. 鎖のどの地点でも張力（f）は一定であるので，R は N の1次関数でなくてはならない．

なにやら，うなずけるような，そうでもないような条件である．まずは，条件1について考えてみよう．こちらに関しては，次元解析のような取り扱いをすることとなる．次元解析とは，異なる物理量の積からなる左辺と右辺の単位系が等しい場合，その等式は物理的に正しいであろうという考え方であり，関連のありそうな物理量の間の関係を予想するのに使われる方法論であ

20　1　高分子の基本的性質

る．高校生の物理で「単位を見ればどのような式をたてたらいいかがわかる」といわれた経験はないだろうか．単純な例でいうと，速度の単位であるm/sを見たときに，距離/時間を想像することが次元解析である．そこで，条件1に示された各々の物理量の単位についてまとめてみよう．

$$R(m), f(N), T(K), R_0(m)$$

R と R_0 は同一の単位系を持つため，取り扱いが簡単そうであるが，f と T については少し考える必要がありそうである．しかし，ボルツマン定数（k_B）を用いて，$k_B T(J=Nm)$ とすれば，エネルギーの単位となり，与しやすくなる．残るは f であるが，R と掛け合わせることにより，f の力をかけ続けて R だけバネを引き伸ばすときの力積（両端をつかんだ瞬間に1次元の話になってしまうので，初期長は0である）とすることができる．これらを踏まえて，左辺に長さの比，右辺にエネルギーの比をとると，以下のような式になる．

$$\frac{R}{R_0} \sim \frac{fR}{kT} \tag{1-44}$$

このスケーリング則は，両辺ともに無次元であるので，両辺の次元はもちろん整合している．しかしながら，この式はすべての可能性のある関係性を示しているわけではない．なぜならば，両辺ともに無次元であるゆえに，右辺を何乗しても次元的には正しい式を得ることができるためである．すなわち，式（1-44）は下に示す式の特別な場合（$x=1$）である．

$$\frac{R}{R_0} \sim \left(\frac{fR}{kT}\right)^x \tag{1-45}$$

条件1より，この任意のベキ乗を含む式が得られたため，あとは，条件2を用いて x の値を求めることになる．最終的なスケーリング則を求める前に，条件2について少し考えてみよう．条件2が言っていることは，きわめてシンプルである．すなわち，「1つの鎖を半分に分割した場合，各々の鎖の両末端にかかっている力はやはり f であるために，分割された各々の鎖の伸びは1つだった鎖の伸びの半分であるはずである．ということは，鎖の伸びは鎖

の重合度に比例するはずである（$R \sim N$）」という理屈である．この理屈をよしとすれば，式（1-45）において x を決定することができる．いま重要視しているのは，R と N である．f と kT は R や N に関係しないため式より除き，関係する物理量だけを残すと，以下の式が得られる．

$$\frac{R}{R_0} \sim R^x \tag{1-46}$$

さらに式変形をし，$R_0 \sim N^{1/2}$ であることを用いると，以下のようになる．

$$R \sim R_0^{\frac{1}{1-x}} \sim N^{\frac{1}{2(1-x)}} \tag{1-47}$$

条件2より，$R \sim N$ であることを用いると，$x = 1/2$ となる．式（1-45）に $x = 1/2$ を代入し，整理すると，以下のような式を得ることができる．

$$f \sim \frac{kT}{R_0^2}R \sim \frac{kT}{Na^2}R \tag{1-48}$$

なにやら，騙されたようであるが，式（1-48）は式（1-37）とほぼ同じである．せっかく，スケーリング則を扱ったので，ここで，1つ問題を解いてみてほしい．単位系だけを考えるならば，式（1-45）において力積として fR ではなく fR_0 とすることも可能であるはずである．その場合にもやはりこの式を得ることができるだろうか？　結果としては，まったく同じ式を得ることができる．このように，難しい数学の問題を解かなくても，イメージさえできれば，このように正しいスケーリング則を予測することができる．これが，スケーリング則の強みであると同時に，イメージの難しさがネックであるともいえよう．スケーリング則は，特に複雑な問題に対しては強力であり，複雑な構造を有する高分子ゲルとは相性が良い．スケーリング的な取り扱いを苦手だと思う人も多いかと思うが，いろいろなスケーリング則を学ぶことで，スケーリング理論自体にも慣れていっていただければ嬉しい限りである．

1-2-2　理想鎖のまとめ

　ここまで，最も基本的な高分子鎖のモデルである理想鎖について見てきた．理想鎖は，重合度の1/2乗に比例する大きさを持つ球である．理想鎖は，モ

22　1　高分子の基本的性質

ノマー同士の重なり合いが許されているという点において，理想的である．よって，実在の鎖とは異なった構造を有するが，理想的であるがゆえにガウス統計というとても素性の良い統計に従う．以降の章で，モノマー同士の重なり合いを排したより現実に近い鎖（real chain，実在鎖）を紹介するが，実在鎖の数学的な性質はきわめて複雑である．それゆえに，その構造に関する情報は，数値的解析もしくはスケーリング則としてしか得ることができない．現在，一般的に用いられている多くのモデルが，構成単位として理想鎖を仮定している大きな理由は，この素性の良さにあるといえよう．

1-2-3　実在鎖の性質

理想鎖は，モノマー同士の重なり合いが許されるような，完全に無相関なランダムウォークとしてモデル化することができた．一方で，現実的にはモノマー同士の重なり合いはもちろん許されない．このような排除体積を持つ鎖は実在鎖（real chain）とよばれる．実在鎖は，理想鎖から排除体積効果を補正しただけの鎖であり，現実に存在する鎖とはやはり異なる点に気をつけよう．実在鎖は，自己排除ランダムウォーク（self-avoiding random walk，SAW）と呼ばれるモデルで記述される [6]．読んで字のごとく，SAW においては一度占有された軌跡を再び通ることはできない．重なり合いを許さないという条件が1つ付いただけであるが，SAW の解析はとたんに困難になる．たとえば，理想鎖のような1次元の問題から拡張する方法論を使うことはできない．なぜならば，格子の次元によって SAW の性質が大きく変わるためである．たとえば，1次元においては，最初に進みだした方向に進み続けるという2つの経路しかとることができない．2次元，3次元ではとりうる場合の数が質的に増えることが直感的に理解されると思う．とはいえ，2次元，3次元の SAW においては，両末端が近接するという事象が起こりにくいことは事実である．

SAW のような確率論的に記述されるような過程は，近い事象間の相関について考慮することは比較的容易であるが，遠い事象間の相関について考慮することはきわめて困難である．たとえば，「一歩前に存在していた格子点を踏まないように進む」という条件は比較的簡単に定式化できるが，「これまでに存在していたいかなる格子点も踏んではいけない」という条件を定式化

することは難しい. とはいえ, SAW についてまったくわかっていないというわけではなく, さまざまな数学的方法論を用いて統計的な性質は明らかにされている. たとえば, 最も興味のある統計量の1つである2乗平均末端間距離 ($\langle r^2 \rangle^{1/2} = R_\mathrm{F}$) は3次元空間においては以下のように表されることがわかっている.

$$R_\mathrm{F} = aN^{\frac{3}{5}} \tag{1-49}$$

実際の導出には, かなり難しい数学の問題を解くか, シミュレーションを用いる必要があるために, ここでは深入りしないこととする. 理想鎖の末端間距離である $aN^{1/2}$ と比較すると, あまり差がないように思うかもしれない. しかしながら, たとえば $a = 3$ Å, $N = 100$ のとき, 理想鎖と実在鎖の末端間距離はそれぞれ 30 Å, 48 Å であり, おおよそ 1.5 倍も異なる. この結果を見るに, 重なり合いを禁止したことの影響はそれなりに大きいといえよう.

1-2-4 実在鎖の延伸についてのスケーリング則

それでは, 次に実在鎖を引っ張った際にかかる力について考えてみよう. 理想鎖のときと同様に, 関係のありそうな物理量を列挙すると以下のようになる.

$$R(\mathrm{m}), f(\mathrm{N}), T(\mathrm{K}), R_\mathrm{F}(\mathrm{m})$$

理想鎖との違いは, リファレンスとなる長さが, R_0 から R_F にかわった点のみである. 理想鎖のときと同じように立式すると以下のようなスケーリング則を予測することができる.

$$\frac{R}{R_\mathrm{F}} \sim \left(\frac{fR}{kT} \right)^x \tag{1-50}$$

ここでは, 先ほどと異なり, 鎖のバネ的な振る舞いをイメージして, 小さな力に対してはフックの法則が成立する ($f \sim R$) と考えて, x を求める. f と R の関係のみに着目すると,

$$R^{1-x} \sim f^x \tag{1-51}$$

24　1　高分子の基本的性質

$f \sim R$ を満たすためには，$x = 1/2$ となる必要がある．式 (1-50) に $x = 1/2$ を代入すると，以下の式を得ることができる．

$$f \sim \frac{kT}{R_{\mathrm{F}}{}^2} R \sim \frac{kT}{a^2 N^{\frac{6}{5}}} R \tag{1-52}$$

式 (1-52) は，理想鎖のときとほぼ同一であり，唯一の違いは R_0 と R_{F} の違いに起因するものである．理想鎖の場合は，ある小さな一定の力 f がかかったとき，R は N に比例した（むしろその要請からスケーリング則を導いた）．この関係は，鎖が張力によって伸ばされているということを意味した．それに対して，実在鎖では，R は N の 1 乗よりも大きなベキに比例している（$R \sim N^{6/5}$）．これは，実在鎖においては，紐の中の張力は一定でなく，紐にかかる力がユニット間の相互作用によっても伝わってくることに由来している．

　次に大きな力 f で引っ張った場合について考える．ここで，高分子を取り扱う際の重要な概念であるブロブ（blob）を導入する（図 1-9）．これまでのスケーリング則の取り扱いでは，f に R ないしはリファレンス長さを掛けることにより，kT と同等の単位系にして取り扱ってきた．それに対して Pincus は，ξ という長さを持ったバーチャルなセグメント（弾性ブロブ）を導入し，以下のように定義した [7]．

$$\xi \approx \frac{kT}{f} \tag{1-53}$$

式より明らかなように，ξ は与えている力 f により熱エネルギー（kT）と同程度の力積を与えるために必要な長さである．式の上では，ξ は小さい力の極限では無限大に発散し，大きい力の極限では 0 になる．このように ξ は外力により与えられるエネルギーが，熱エネルギーに対して「問題になってくる」長さの尺度を与える．与える力が小さいときには，ξ は鎖よりも大きく，力により与えられるエネルギーは熱エネルギーに比べて十分小さい．このような状態では，鎖のコンフォメーションは外力により大きく影響を受けることはなく，初期の統計（この場合は実在鎖の統計）をそのまま使うことができる．それでは，ξ がどの程度の値になると，初期の統計を使うことができ

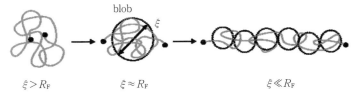

図 1-9 実在鎖におけるブロブを用いたスケーリング則

なくなるのであろうか？　答えは，$\xi = R_F$ のときである．なぜならば，その力 $(= kT/R_F)$ は，実在鎖のサイズである R_F 程度の延伸により，熱エネルギーに匹敵するエネルギーを与えてしまうからである．このような強い力がかかった場合には，鎖のコンフォメーションは変化し，初期の統計はもはや適用できなくなってしまう．式 (1-52) は f の小さな領域にのみ適用可能であるとしたが，その適用条件は正しくは以下のように示される．

$$\xi > R_F \leftrightarrow f < \frac{kT}{R_F} \tag{1-54}$$

　本題に戻って，大きい力 f のかかった場合 ($\xi \ll R_F$) について考えよう．まずは，実在鎖に含まれるある1つのモノマーユニットに着目する．大きな力がかかった際に，ただちに隣のユニットとの配座に大きな変化が現れるだろうか？　実際には，ある程度大きな外力が加わった際でも，隣接ユニット間のような短い相関はほとんど影響を受けない（図 1-7 で手をつないだ真ん中の子供たちは，端から引っ張られていることに気づきにくいことと似ている）．外力の影響を強く受けるのは，もう少し大きなかたまりの間の相関である．そのかたまりこそが，さきほど導入したブロブである．ξ というサイズを持つブロブの内部では，外力によるエネルギーよりも熱エネルギーが支配的であり，ブロブ内部では，初期のコンフォメーションを維持している．一方で，ブロブ間の相関は外力により支配されていると考えることができる．よって，強い延伸下においては，ξ の大きさを持つブロブが延伸方向に並んでいると考えることができる（図 1-9）．ブロブ内部に含まれるモノマーユニットの数を g_p とすると，ξ は以下のように書き表される．

$$\xi \approx a g_p^{\frac{3}{5}} \tag{1-55}$$

26   1　高分子の基本的性質

ブロブの数は，N/g_{p} と表されるため，延伸下における鎖の長さは，

$$R \approx \xi \cdot \frac{N}{g_{\mathrm{p}}} \approx \xi \cdot N \cdot \left(\frac{\xi}{a}\right)^{-\frac{5}{3}} \approx aN\left(\frac{fa}{kT}\right)^{\frac{2}{3}} \qquad (1\text{-}56)$$

となる．さて，この式を力 f について書き直すと，

$$f \approx \frac{kT}{a}\left(\frac{R}{aN}\right)^{\frac{3}{2}} \qquad (1\text{-}57)$$

となる．この式より，強い延伸の極限では，力が伸びの 3/2 乗に比例することが予測される．しかしながら，実際に，高分子一本鎖を延伸した場合，あらわにこのベキ乗則が観察されるという結果は得られていないようである．一方で，これらの一本鎖の延伸についてのスケーリング則は，ゲルの延伸挙動の予測へと適用することが可能である（5-4 節）．一本鎖の場合と異なり，高分子ゲルの延伸実験の結果に対しては良い一致が見られることから [8, 9, 10]，このベキ乗則を観察するためには，高分子の分子量が十分に長いことが重要であるのかもしれない．

コラム 1　相溶網目と非相溶網目

　本書では，透明なゲルを対象とし，議論している．透明なゲルに含まれる高分子網目は，セグメントレベルでは溶解しているために，相溶網目と呼ぶことができる．一方で，豆腐のように白濁しているゲルは，構成高分子のすべてが溶解しているわけではない．この場合，ある程度の高分子は溶解せず相分離し，粗な凝集構造を形成しており，そのサイズが可視光の領域にまで達しているために，白濁している．そのため，白濁したゲルは非相溶網目と呼ぶことができる．非相溶網目は，スポンジに近い要素を多分に含む系である．相溶網目と非相溶網目の大きな違いの 1 つは，溶媒の保持性である．非相溶網目においては，溶解している成分が少ないために，ゲルの持つ浸透圧が大きくない．そのため，溶媒の保持性が小さく，圧縮などした場合に，ゲルから溶媒が浸出する．豆腐を圧縮すれば水が浸出する一方で，透明なゼリーを圧縮しても，ほとんど水が浸出しないのは，このためである．

　大きな違いの 2 点目は，非相溶網目は，相分離しているために本質的に不均一である点である．本書では，高分子ゲルの描像を，高分子一本鎖と高分子溶液の記述からスタートさせた．すなわち，暗に均一な相溶網目を仮定している．

よって，本書の取り扱いは非相溶網目に対しては適用が困難である．非相溶網目については，本書で示したような分子論よりも，むしろもう少し大きなメゾスケールでの議論の方がふさわしいであろう．すなわち，スポンジを形成している材料の物性値と，スポンジの網目形状から，スポンジの物性を予測する方法論の方が適していると考えられる．もちろん，豆腐をはじめとした不透明なゲルは，単なるスポンジではなく，ある程度相溶系と非相溶系の両方の性質を持っている．そのような場合には，各々の物性値に対してどちらの性格が色濃く出るかを勘案して，考える必要があるであろう．

参考文献

[1] de Gennes, P. G.; *Scaling concepts in polymer physics*. Cornell University Press: Ithaca, N.Y., 1979.

[2] Doi, M.; *Introduction to Polymer Physics*. Clarendon Press: 1996.

[3] Flory, P. J.; *Principles of polymer chemistry*. Cornell University Press: Ithaca, 1953.

[4] Rubinstein, M.; Colby, R. H.; *Polymer Physics*. OUP Oxford: 2003.

[5] Kuhn, W.; Dependence of the Average Transversal on the Longitudinal Dimensions of Statistical Coils Formed by Chain Molecules *J Polym Sci* **1946**, 1, 380-388.

[6] Shuler, K. E.; *Advances in Chemical Physics, Volume 15: Stochastic Processes in Chemical Physics*. Wiley: 2009.

[7] Pincus, P.; Excluded Volume Effects and Stretched Polymer-Chains *Macromolecules* **1976**, 9, 386-388.

[8] Katashima, T.; Asai, M.; Urayama, K.; Chung, U.-i.; Sakai, T.; Mechanical properties of tetra-PEG gels with supercoiled network structure *J Chem Phys* **2014**, 140, 134906.

[9] Urayama, K.; Kohjiya, S.; Uniaxial elongation of deswollen polydimethylsiloxane networks with supercoiled structure *Polymer* **1997**, 38, 955-962.

[10] Urayama, K.; Kohjiya, S.; Extensive stretch of polysiloxane network chains with random- and super-coiled conformations *Eur Phys J B* **1998**, 2, 75-78.

2 高分子溶液の性質

2-1 溶液中の高分子鎖の構造

ここまで，代表的な高分子鎖のコンフォメーションである理想鎖と実在鎖について学んだ．それでは，実際の高分子は溶液中においてどのようなコンフォメーションをもつのであろうか？ 本節では，まずこの問題について議論したい．この問題へのアプローチの第一歩として，溶媒中において孤立した高分子の内部にはどのくらいの隙間があるのかということについて考えてみよう．そのためには，1本の孤立した高分子内部の高分子体積分率（ϕ_{int}）を求めればよい（図2-1）．

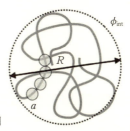

図 2-1　高分子内部の模式図

理想鎖の場合について考えてみると，径が $aN^{1/2}$ の球体の中に a^3 の体積を持つセグメントユニットが N 個入っているために，ϕ_{int}^θ は以下のように表される．

$$\phi_{\text{int}}^\theta \approx \frac{a^3 N}{(aN^{\frac{1}{2}})^3} = N^{-\frac{1}{2}} \tag{2-1}$$

30　2　高分子溶液の性質

実在鎖について同様に考えると，以下のように書ける．

$$\phi_{\text{int}}{}^{\text{good}} \approx \frac{a^3 N}{(aN^{\frac{3}{5}})^3} = N^{-\frac{4}{5}} \tag{2-2}$$

よって，たとえば高分子の重合度として，$N=100$ とすれば，理想鎖と実在鎖の ϕ_{int} はそれぞれ 0.10, 0.025 となる．実在鎖の方が理想鎖よりもかなり希薄であることも注目に値するが，両者共にかなり疎な構造を有していることに気づくであろう．すなわち，高分子鎖は本質的に膨潤しており，その内部に高分子自体が占める体積の 10 倍以上の溶媒を含んでいる．この結果より，高分子のセグメントは溶媒分子に囲まれており，高分子と溶媒の相互作用が鎖のコンフォメーションを決める重要な要素となることがわかる．

2-1-1　2 定数モデル

　孤立した高分子内部の高分子体積分率の議論より，溶液中における高分子は内部に多くの溶媒を含むことを学んだ．それに対して，1-1-4 項の理想鎖の取り扱いでは，溶媒の存在を考慮していなかった．結論から言うと，高分子に良溶媒を共存させることにより，高分子は理想鎖よりも膨潤した構造を取ることとなる．ここでは，高分子の膨潤についての Flory によるアプローチ（2 定数モデル）を紹介する[1]．

　理想鎖は安定な構造であるために，膨潤させるためには，式（1-36）に示される弾性エネルギー（ΔF_{el}）に対抗するエネルギーを与える必要がある．そのエネルギーは，良溶媒の共存により与えられる．なぜならば，良溶媒と高分子セグメントが混合されることによるエントロピーの増大（ΔS_{mix}）と，両者の相互作用エンタルピーの影響（ΔH_{mix}）がもたらされるためである．1 本の高分子鎖を溶媒と混合させるときの自由エネルギー変化（ΔF）は，以下のように表される．

$$\Delta F = \Delta F_{\text{el}} + \Delta H_{\text{mix}} - T\Delta S_{\text{mix}} \tag{2-3}$$

この式は，溶媒の共存によってもたらされる膨潤傾向と，エントロピー弾性による復元力が系の状態を決定していることを示している．膨潤前後で，鎖の末端間距離（R）が α 倍だけ変化するとしよう．

$$R = \alpha R_0 \tag{2-4}$$

膨潤による自由エネルギー変化が0になる点が平衡状態であるので，平衡状態においては，以下の式が成立する．

$$\frac{\partial \Delta F}{\partial \alpha} = \frac{\partial \Delta F_{\mathrm{el}}}{\partial \alpha} + \frac{\partial}{\partial \alpha}(\Delta H_{\mathrm{mix}} - T\Delta S_{\mathrm{mix}}) = 0 \tag{2-5}$$

この先の導出については詳しく説明しないが，ゲルの膨潤（第4章）とほぼ同様の議論を進めると，以下の関係式が得られる．

$$\alpha^5 - \alpha^3 \sim \left(1 - \frac{T}{\Theta}\right)N^{\frac{1}{2}} \tag{2-6}$$

ここで Θ は，溶媒の共存による影響が無視できる温度（θ 温度），T は絶対温度である．$T=\Theta$ のとき，$\alpha=1$ となる．すなわち $T=\theta$ では鎖は膨潤せず，理想鎖の状態を保つ．

理想鎖においては，高分子セグメントと溶媒セグメントは無相関に配置され，高分子セグメントの隣に高分子セグメントが存在する確率と溶媒が存在する確率を，それぞれ $\phi_{\mathrm{int}}{}^{\theta}$ と $1-\phi_{\mathrm{int}}{}^{\theta}$ で書くことができる．この状態のことを，θ 状態と呼ぶ．この状態では，セグメントと溶媒が乱雑に配置されようとするエントロピーの効果と，セグメント同士が引き合うエンタルピーの効果がちょうどつり合っていると言うこともできる．

一方で，$T<\Theta$ の条件下では，式（2-6）は正の値となり，鎖は膨潤する（$\alpha>1$）．この条件下では，セグメントは同種のセグメントよりも溶媒を好むために，セグメントの隣に溶媒が存在する確率は $1-\phi_{\mathrm{int}}{}^{\theta}$ よりも大きくなり，結果として膨潤すると捉えることもできる．膨潤の挙動を大雑把に捉えるために，N が大きい極限について考えてみよう．このとき，式（2-6）の値自体も極めて大きくなるために，α の値ももちろん大きくなる．その結果として，$\alpha^5 \gg \alpha^3$ となり，式（2-6）は以下のような近似式で書くことができるようになる．

$$\alpha^5 \sim \left(1 - \frac{T}{\Theta}\right)N^{\frac{1}{2}}$$

32　2　高分子溶液の性質

$$\alpha \sim N^{\frac{1}{10}} \tag{2-7}$$

この結果を，式（2-4）に代入すると，以下の式を得る．

$$R \sim N^{\frac{1}{10}}R_0 \sim N^{\frac{1}{10}}N^{\frac{1}{2}} \sim N^{\frac{3}{5}} \tag{2-8}$$

このスケーリング則は，式（1-49）により示される，実在鎖のサイズの N 依存性と等しい．すなわち，T が Θ に比して小さく，N が大きい条件下では，理想鎖は膨潤し，実在鎖として存在することがわかる．逆説的に言うと，どんなに溶媒の質が良くなって，膨潤傾向が強くなったとしても，鎖はどこまでも膨潤していくわけではなく，その極限は実在鎖にあると言える．高分子が安定に溶解しているような条件においては，通常高分子は理想鎖と実在鎖の中間的な構造を取る．透明な高分子ゲルを構成している高分子は当然溶媒に溶解しているのであり，やはり同様に，理想鎖と実在鎖の中間的な構造を取っていると考えてよいであろう．

2-1-2　理想鎖と実在鎖の存在条件

　ここで，改めて，理想鎖と実在鎖はどのような状況で存在しうるかについてまとめておこう．理想鎖は，セグメント間の重なり合いを許すという仮定の下での単純なランダムウォークによりモデル化された．この仮定は，格子点の配置に特別な相関がない状況と言い換えることができる．それは，セグメント・セグメント間，溶媒・溶媒間，セグメント・溶媒間に特別な斥力や引力が働かない状況と対応している．この条件が成り立つ最も単純な例は，単一高分子溶融系である．単一高分子溶融系においては，系にはその高分子しか存在していないために，高分子は溶質であると同時に溶媒である．よって，混合のエントロピーは存在せず（$\Delta S_{\mathrm{mix}}=0$），セグメント・セグメント間，溶媒・溶媒間，セグメント・溶媒間の相互作用も等しいためである（$\Delta H_{\mathrm{mix}}=0$）．先ほどと同様 $N=100$ のときを例に取れば，溶融系においては 1 つの理想鎖の張る体積のうちに，おおよそ 10 個の異なる理想鎖が入り込んだ状態となる．この予測は Flory により最初に見出されたが，あまりに予想外であったため，なかなか受け入れられ難かったようである．しかし，現在では重水素ラベル化された高分子を用いた小角中性子散乱により実験的に証明さ

れている[2].

単一高分子溶融系以外にも，式 (2-6) より $T=\Theta$ という条件において高分子は理想鎖として存在しうることが示される．一般的に，セグメントと溶媒で化学種が異なる場合には，混合のエントロピーのために，セグメント単位と溶媒とは混合する傾向を持つ．ゆえに，基本的にはセグメント間には反発力が働く．この反発力をキャンセルするためには，混合による相互作用エンタルピー変化が多少引力的になる必要がある．このエントロピー変化とエンタルピー変化がちょうどキャンセルされた状態が，前述の θ 状態である．θ 状態では，高分子セグメントの隣が同種セグメントでも溶媒でも，エネルギー的に変化がないために各々を無相関に配置することができ，結果として，理想鎖の仮定と同一の条件を満たすことができる．高分子溶液で，この条件を満たすためには，その高分子種に対して特有の溶媒（θ 溶媒）を用いる必要がある．汎用の高分子の θ 溶媒は，*Polymer Handbook* にリスト化されているので，参照されたい[3].

次に実在鎖について考えてみよう．前節にて，実在鎖は $T<\Theta$ かつ $N\gg1$ のときに得られることが示された．すなわち，良溶媒でかつ高分子の分子量が大きいときに高分子鎖は実在鎖となる．注意すべきは，$N=100$ 程度では $\alpha^5\gg\alpha^3$ とならず，実在鎖の条件が満たされないことである．高分子の種類にもよるが，実験的には $N=1000$ 程度のあたりでは，式 (1-49) に従うことが知られている[4,5]．良溶媒系の代表的な例として，無熱（athermal）状態が知られている．この状態では，セグメント・セグメント間，溶媒・溶媒間，セグメント・溶媒間の相互作用の差し引きが 0 であり（$\Delta H_\mathrm{mix}=0$），混合エントロピーの寄与により，セグメント同士は斥力的になる．

これまでに代表的な鎖のコンフォメーションとして理想鎖と実在鎖について紹介したが，いずれの存在条件も厳密に満たすことは一般的に困難である．そのために，実在の高分子は理想鎖と実在鎖を両極とした，それらの中間的なコンフォメーションを持つ．よって，高分子鎖の広がりを示す指数（排除体積指数：ν）を用いて，以下のように末端間距離（R_0）を一般化しておくと都合がよい．

$$R_0 \approx aN^\nu \qquad\qquad (2\text{-}9)$$

34　2　高分子溶液の性質

ν は理想鎖においては $1/2$，実在鎖においては $3/5$ であり，例外的な場合を除き，高分子はその間の値をとる（$1/2 \leq \nu \leq 3/5$）．

2-2　高分子のコンフォメーションに与える濃度の影響

　前項では，高分子が溶液中に溶解しており，かつ互いに重なり合いを持たないような希薄領域について考えた．希薄な環境下では，高分子間の相互作用を考えなくてよいために，議論が簡単になる．一方で，濃度が高くなってくると，高分子同士が接触するようになり，相互作用を考える必要が出てくる．それでは，どのくらいの濃度から高分子間相互作用を考える必要があるのであろうか？　そのとき，高分子のコンフォメーションはどう変化するのであろうか？　本節では，まず高分子同士が互いに触れ合うようになり，それらの相互作用を考えなくてはならなくなる濃度（重なり合い濃度 c^*，もしくは重なり合い体積分率 ϕ^*）について考えよう．

2-2-1　重なり合い濃度

　重なり合い濃度とは，図 2-2 中央のように，高分子が希薄溶液におけるコンフォメーションを保ちつつ，完全に系を埋め尽くすことのできる濃度である．図に示すように相互に重なり合うことなく完全に空間を充填しているとすると，高分子内部の高分子体積分率と系全体の高分子体積分率は等しいと考えることができる．すなわち，排除体積指数 ν を持つ一般の高分子に対して，以下のスケーリング式が成立する．

$$\phi^* = \phi_{\mathrm{int}} \approx \frac{a^3 N}{(aN^\nu)^3} = N^{1-3\nu} \tag{2-10}$$

ϕ^* に対する N のベキは，理想鎖のときに $-1/2$，実在鎖のときに $-4/5$ といずれも負となり，一般に N の増加に伴い，高分子が系を満たしやすくなることが示される．式（2-9），（2-10）から以下のことが導かれる．
- ・分子量が N_1 の高分子 1 本が占める体積は，$N_1/2$ の高分子 2 本が占める体積よりも大きい．
- ・N が小さいとどれだけ濃度を上げても系を満たすことは不可能である一

方で，N が無限大に近くなると，高分子1本でも系を満たすことができる．

これらは，特にゲル化を議論する上で大事になるので，自らで確認し，イメージを摑んでおいてほしい．ここでもう1点注意すべきは，ϕ^* を濃度「点」として定義するよりは，濃度「領域」として定義するほうが適当である点である．図 2-2 (b) に類するような濃度域は思いのほか広く，どのような方法で ϕ^* を求めたかや，高分子のどのような物性を記述するかにより変わる．

それでは，しきい値 ϕ^* を隔てて，高分子のコンフォメーションはどのように変わるのであろうか？　まず，θ 状態における理想鎖について考えてみよう．希薄状態において，理想鎖は $aN^{1/2}$ の末端間距離を持つ．一方で，高濃度の極限である高分子溶融体においても，やはり $aN^{1/2}$ の末端間距離を持つ．結論からいうと，ϕ^* 以上かつ溶融体以下の濃度領域においても末端間距離は $aN^{1/2}$ から変化しない．なぜならば，ϕ^* 以上の濃度領域では高分子同士が重なり合う必要があるが，理想鎖においては，混合によるエントロピー変化とエンタルピー変化は打ち消し合い，混合によるエネルギー変化はないためである．理想鎖のセグメントはそもそも隣にセグメントがいても，溶媒がいても気にならないわけで，それが他の高分子に含まれるセグメントであっても状況は変化しないということもできる．よって，濃度の上昇に伴い，理想鎖はその大きさを変えることなく，互いに重なり合うこととなる（混合模型，図 2-3 (b)）．このことは，重水素化物を用いた小角中性子散乱実験によって検証されている[2]．

一方で，実在鎖はどうだろうか？　希薄状態において，実在鎖は $aN^{3/5}$ の

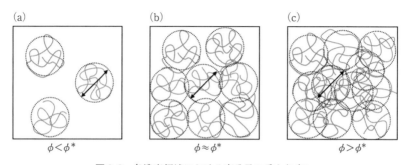

図 2-2　各濃度領域における高分子の重なり合い

 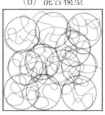

図 2-3 高分子溶液の模型
(a) 分離模型, (b) 混合模型.

末端間距離を持つ．一方で，高濃度の極限である高分子溶融体においては単一系となるので，理想鎖のコンフォメーションとなるはずであり，そのときの末端間距離は $aN^{1/2}$ となる．よって，ϕ^* 以上かつ溶融体以下の濃度領域においては，濃度の上昇とともに末端間距離は $aN^{3/5}$ から徐々に収縮して $aN^{1/2}$ となることが予想される．どのように考えればよいだろうか？　この問題を解くためには，実在鎖の持つ排除体積効果がどの程度の濃度域まで支配的であるかを考える必要がある．

2-2-2　準希薄溶液

まずは濃度の低い極限である希薄系から考えていこう．希薄状態においては，高分子が孤立して配置されるのに十分な空間が存在するために，わざわざ実在鎖同士が互いに貫入するようなことはほとんど起こらない．よって，希薄状態において実在鎖は，濃度によらず $aN^{3/5}$ の末端間距離をもつ．

次に，ϕ^* 以上の濃度領域である準希薄領域について考えてみよう．この濃度領域においては，高分子が孤立して存在するだけの空間は存在しない．このような状態においてもなお，高分子間の相互貫入が起こらないとするならば，濃度と反比例して高分子鎖の体積が小さくなる必要がある（$\phi \sim R^{-3}$）．このモデルは分離模型（図 2-3 (a)）と呼ばれる．元々のサイズが $aN^{3/5}$ であること，体積収縮が ϕ^* より高い濃度で起こることを考慮すると，分離模型の下では以下のようなスケーリング関係が成立すると予想される．

$$R \approx aN^{\frac{3}{5}}\left(\frac{\phi^*}{\phi}\right)^{\frac{1}{3}} \tag{2-11}$$

ここで $(\phi^*/\phi)^{1/3}$ は，濃度と反比例して体積が収縮したときの，一軸の変化

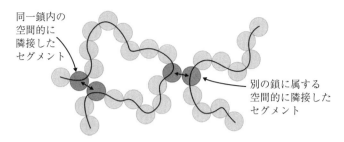

図2-4 溶液中における高分子の隣接セグメント

の割合である．このような見方がある一方で，理想鎖に近い描像を考えることもできる．ϕ^* 以上の濃度域においては，もはや排除体積は支配的ではなく，実在鎖同士も重なり合うというモデルである．このモデルのことを混合模型（図2-3 (b)）という．溶液中の実在鎖に対する多くの実験は，分離模型ではなく，混合模型こそが実在鎖を正しく説明するモデルであることを支持している[6]．

まずは，混合模型の直感的な理解を促すために，ϕ^* 以上の溶液中の高分子中のあるセグメントに着目してみよう（図2-4）．このセグメントは，共有結合的に結合している2つの隣接セグメントとの間に最も強い結合性相互作用を持ち，その相互作用は距離が離れるほどに弱まっていくことは明らかであろう．セグメントが持つもう1つの相互作用は，結合的には離れている，もしくは結合していないが，空間的には近接しているセグメントとの相互作用である．ここで考えるべきは，自分と空間的に近接しているセグメントが「自らが属する高分子に含まれているが，結合的には遠い」ものであるのか，それとも「他の高分子に含まれている」ものであるのかの区別ができるかという問題である．結果からいうと，結合的に十分に遠ければ，直接的につながっていようがいまいが，両者はいずれもただの近くにあるセグメントであるために，それらを区別することは不可能である．そのために，他のポリマーに含まれるセグメントを選択的に排除するようなことは起こりえず，結果として近接した高分子同士は重なり合うこととなる．

2-2-3 濃度ブロッブ

準希薄領域における実在鎖の描像について，もう少し踏み込んで考えてみ

よう．もちろん，実在鎖に含まれるセグメントは溶媒を好むために，基本的に実在鎖同士は互いに貫入するのを嫌う．しかしながら，内部に別の高分子鎖が押し込まれてくるために，やむなく互いに貫入するのである．実在鎖に外力がかかっているこの状況を，一本鎖の延伸の問題（1-2-4 項参照）に似た状況であると考えれば，ブロブの適用が想起される．すなわち，周辺の鎖による外力により，大きなスケールでは高分子同士は相互貫入するものの，小さなスケールで見ると鎖はいまだ排除体積的であると考えることができる．1-2-4 項の議論を踏まえると，排除体積に支配される小さなスケールをブロブだと考えることができるだろう（濃度ブロブ）．濃度ブロブは，図 2-5 のように準希薄溶液のスナップショットを撮ったときに，いまだ重なり合っていないと見なせる部分に対応している．

ここでもやはり，スケーリングの議論より，ブロブサイズ（ξ）を求めてみよう．ξ に対する要請は以下の 2 つである．

1. $\phi \approx \phi^*$ においては，ブロブは孤立鎖と等価であり（$\xi \approx R_\mathrm{F}$），ξ は ϕ の増加に従い減少する．
2. ブロブサイズは，高分子の分子量によらない．

1 については，ϕ^* において実在鎖自体の排除体積が支配的であることより，明らかである．2 は，高分子が重なり合っている状況では，あるセグメントは自らが含まれる高分子が長いのか短いのかを判別することができないことから予想される．すなわち，あるブロブが含まれる高分子が長かろうが短かろうが（よほど短くなければ），ブロブの性質や隣接するブロブ間の相互作用には影響を及ぼさない．条件 1 より予想される ξ のスケーリングは，以下のようである．

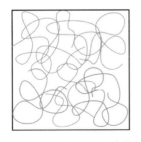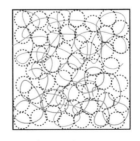

図 2-5　準希薄溶液のスナップショット

$$\xi \approx R_{\mathrm{F}}\left(\frac{\phi}{\phi^*}\right)^x \tag{2-12}$$

ここに，式 (2-9)，(2-10) の R_{F} と ϕ^* ($\nu = 3/5$) を代入すると，以下のようになる．

$$\xi \approx aN^{\frac{3}{5}}\left(\frac{\phi}{N^{-\frac{4}{5}}}\right)^x \tag{2-13}$$

N のベキのみを抽出すると，

$$\xi \sim N^{\frac{3+4x}{5}} \tag{2-14}$$

ここで，条件 2 の要請を満たすように解くと，$x = -3/4$ となる．よって，ξ のスケーリングは，以下のようになる．

$$\xi \approx a\phi^{-\frac{3}{4}} \tag{2-15}$$

この式より，濃度の上昇に伴い，急激に濃度ブロブが縮むことが予想される．しかしながら，濃度ブロブはどこまでも小さくなるわけではない．実在鎖のセグメント同士は重なり合うことができないために，ブロブサイズはセグメントサイズよりも小さくなることはありえない．

　次に，興味ある物理量である末端間距離 (R_0) について考えてみよう．混合模型に従うとはいったものの，実在鎖は他の高分子の侵入によりまったく影響を受けないわけではなく，若干収縮する．この結果をブロブを基とした議論により導いてみよう．図 2-5 に示されるように，準希薄溶液は，ブロブが緻密に詰められた系である．よって，準希薄溶液中の実在鎖は，いくつかのブロブがランダムにつながったものであると考えることができる．あるブロブに含まれるセグメントの数を g_{p} とし，ブロブ内は依然として排除体積が支配的であることを考慮すると，ξ は以下のように書き表される．

$$\xi \approx ag_{\mathrm{p}}^{\frac{3}{5}} \tag{2-16}$$

この表式は，弾性ブロブのもの（式 (1-55)）と同等である．N/g_{p} 個のブ

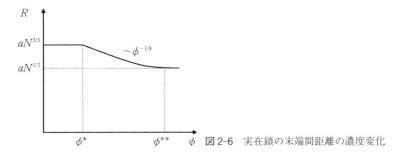

図 2-6 実在鎖の末端間距離の濃度変化

ロッブが、ランダムに連なっているとすると、R_0 は以下のように表される.

$$R_0 \approx \xi \left(\frac{N}{g_p}\right)^{\frac{1}{2}} \tag{2-17}$$

ここで、R_0 はステップの長さが ξ である、N/g_p 歩のランダムウォークの大きさとして算出された. ここに、式 (2-15), (2-16) を代入すると、

$$R_0 \approx \xi N^{\frac{1}{2}} \left(\frac{a}{\xi}\right)^{\frac{5}{6}} \approx a N^{\frac{1}{2}} \phi^{-\frac{1}{8}} \tag{2-18}$$

式 (2-18) の ϕ 依存は、分離模型の結果（式 (2-11)）よりもずいぶん小さく、周囲のポリマーによる鎖圧縮の効果は、あまり大きくないことを示している. 図 2-6 に、この式の予測により、実在鎖の末端間距離が濃度の変化に対してどのように変わるかを図示した. 希薄領域では $R=aN^{3/5}$ であるが、ϕ^* 以上の濃度領域においては、$\phi^{-1/8}$ に比例して徐々に収縮し、いずれ、理想鎖のサイズ $R=aN^{1/2}$ まで小さくなる. この図において、$R=aN^{3/5}$ である濃度領域を希薄領域（$\phi<\phi^*$）、$\phi^{-1/8}$ に比例して鎖が収縮する領域を準希薄領域（$\phi^*<\phi<\phi^{**}$）、$R=aN^{1/2}$ となる領域を濃厚領域という（$\phi^{**}<\phi$）. なぜ、理想鎖のサイズよりも小さくならないのであろうか？ それは、ブロブサイズがセグメントサイズよりも小さくならないことに起因している. すなわち、高分子濃度の高い領域において、実在鎖はセグメントをブロブとするランダムウォークとして記述することができる. 結果として、実在鎖は理想鎖と同等のコンフォメーションを持つこととなる.

この議論は、指数 ν を持つ一般の高分子に対して、拡張することもできる.

式 (2-12) の R_F を aN^ν として取り扱い，同様にブロブサイズに N 依存性がないという制約を加えると，以下のスケーリング式を得ることができる．

$$\xi \approx a\phi^{\frac{\nu}{1-3\nu}} \tag{2-19}$$

$$R \approx aN^{\frac{1}{2}}\phi^{\frac{2\nu-1}{2(1-3\nu)}} \tag{2-20}$$

2-3 高分子溶液の浸透圧

　高分子ゲルを構成している高分子は溶媒と混和しているために，ゲルをゲルが含んでいる溶媒と同じ溶媒に浸した場合（たとえばハイドロゲルを水に浸した場合），ゲル内外で浸透圧差が発生する．高分子ゲルをなしている高分子は，その濃度差を埋めるべく，外液に溶出しようとするものの，架橋により固定化されているために，外液に溶出していくことはできない．この状況は，高分子溶液と純溶媒を半透膜で挟んだ系と類似している（図 2-7）．結果として，濃度差を小さくするべく外部から溶媒が入り込み，ゲルは膨潤することとなる．

　このように，高分子ゲル内の溶媒は，外部とのやり取りが可能であり，高分子ゲルは膨潤したり収縮したりする．この溶媒を多く含む構造のために，高分子ゲルは外部との物質交換が可能であったり，外部の刺激によりその物性を大きく変えるといった，他の材料と一線を画する物性を有する．この膨潤という現象を理解するためには，高分子溶液の持つ浸透圧を理解する必要がある．

　高分子溶液において，浸透圧（Π, Pa）は，系に存在する高分子セグメントの数（n_A）を一定に保ったまま溶媒の数（n_B）を変化させるときの混合の自由エネルギー（F_{mix}）を用いて以下のように定義される．

$$\Pi V_1 = -\left(\frac{\partial F_{mix}}{\partial n_B}\right)_{n_A} \tag{2-21}$$

ここで，$V_1 (\mathrm{m^3/mol})$ は，溶媒の部分モル体積である．一方で，F_{mix} は，高分子と溶媒の混合前後のエントロピー差（ΔS）とエンタルピー差（ΔU）を用いて以下のように書ける．

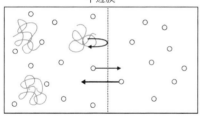

図 2-7 高分子溶液と溶媒を半透膜で挟んだ系

$$F_{\mathrm{mix}} = \Delta U - T\Delta S \tag{2-22}$$

式 (2-22) より,浸透圧を求めるためには,ΔS と ΔU について知る必要があることがわかる.以降の節では,Flory と Huggins によって提案された方法を用いて説明する[7,8].

2-3-1 混合によるエントロピー変化

高分子と溶媒の混合のエントロピー変化は,格子模型における配置エントロピーを考えることにより,定式化できる.ここでは,高分子 A と溶媒 B を混合する場合のエントロピー変化について考えてみよう.

格子空間における高分子 A と溶媒 B の占める総体積をそれぞれ V_A, V_B,1 分子が占める格子点数(重合度に対応)を N_A, N_B とする.簡単のために,高分子 A と溶媒 B の混合は理想的であり,混合後の系の体積は $V_A + V_B$ であるとする.1 つの格子点の体積を V_0 とすると,高分子 A と溶媒 B の分子数 ν_A, ν_B は以下のように書ける.

$$\nu_A = \frac{V_A}{V_0 N_A} \tag{2-23}$$

$$\nu_B = \frac{V_B}{V_0 N_B} \tag{2-24}$$

また,A が占める総格子点数 n_A,B が占める総格子点数 n_B,総格子点数 n はそれぞれ以下のようになる.

$$n_A = \frac{V_A}{V_0} = n\phi_A \tag{2-25}$$

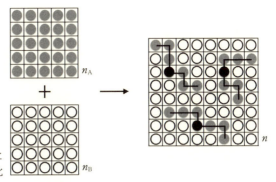

図 2-8 高分子と溶媒の混合によるエントロピー変化

$$n_B = \frac{V_B}{V_0} = n\phi_B \tag{2-26}$$

$$n = \frac{V_A + V_B}{V_0} \tag{2-27}$$

ここで, ϕ_A, ϕ_B は混合後の系における A と B の体積分率である. 配置エントロピーは, ユニットを配置する場合の数 Ω を用いて, 以下のように書ける.

$$S = k \ln \Omega \tag{2-28}$$

さて, 高分子 A に含まれるある 1 つの格子点の配置の仕方について考えよう (図 2-8). まっさらな状態から, どの格子点からでも配置が選べるとすると, 混合前における配置の数は n_A (図 2-8 左上), 混合後は n (図 2-8 右) となる. よって, 混合前後のエントロピー変化 ΔS は, 以下のように書ける.

$$\Delta S = k \ln n - k \ln n_A = k \ln \frac{n}{n_A} = -k \ln \phi_A \tag{2-29}$$

この式は, 混合前と混合後で取りうる場合の数が ϕ_A^{-1} 倍だけ大きくなることを示している. 次の配置を考える際には, 混合前の場合の数は n_A-1, 混合後は $n-1$ となる. この方法で考えていけばすべてのエントロピー変化を式として書くことはできるのだが, 解くことはきわめて困難になる. よって, 以下の仮定を置く.

1. すべてのユニットに対して混合前後で, 高分子 A を配置する場合の数は ϕ_A^{-1} 倍だけ, 溶媒 B は ϕ_B^{-1} 倍だけ常に大きくなる.

2. 分子のコンフォメーションエントロピーは混合前後で変化しない.

仮定1は,「2つめ以降のユニットを配置するときも,式 (2-29) の帰結を適用することができる」と言い換えることもできる.すなわち,2つ目以降の分子に対しても,混合前後のエントロピー変化を $-k \ln \phi_A$ とすることができる.一方で,仮定2は,「分子の重心位置(図2-8の●)を決めると,他の部位は自動的に配置される」と言い換えることができる.もちろん,重心位置によっては,元の形で配置ができなくなる場合もあるのであるが,同様のエントロピーを持つ配置で適当に配置されると考えよう.これらの仮定を置けば,高分子 A,溶媒 B の配置について,各々の分子数である ν_A 個,ν_B 個のユニットを適当に配置することのみを考えればいい.よって,混合前後の系のエントロピー変化は以下のように書くことができる.

$$\Delta S_{\mathrm{mix}} = \sum_{\nu_A}(-k \ln \phi_A) + \sum_{\nu_B}(-k \ln \phi_B) = -k(\nu_A \ln \phi_A + \nu_B \ln \phi_B) \quad (2\text{-}30)$$

格子点あたりの混合エントロピー $\Delta \bar{S}_{\mathrm{mix}}$ は,

$$\Delta \bar{S}_{\mathrm{mix}} = \frac{\Delta S_{\mathrm{mix}}}{n} = -k\left(\frac{\phi_A}{N_A} \ln \phi_A + \frac{\phi_B}{N_B} \ln \phi_B\right) \quad (2\text{-}31)$$

となる.ここで,A は高分子,B は低分子であることを考慮して $N_A = N$,$N_B = 1$ とし,$\phi_A = \phi, \phi_B = 1-\phi$ とすると,最終的に以下の式を得る.

$$\Delta \bar{S}_{\mathrm{mix}} = -k\left(\frac{\phi}{N} \ln \phi + (1-\phi)\ln(1-\phi)\right) \quad (2\text{-}32)$$

$0 \leq \phi \leq 1$ であるため,一般に $\Delta \bar{S}_{\mathrm{mix}} \geq 0$ である.すなわち,混合によりエントロピーは増大する.$\Delta F = \Delta U - T\Delta S$ であることを踏まえると,混合のエントロピーの効果により,系は混合によって安定化される傾向を持つことがわかる.

2-3-2 混合によるエンタルピー変化

混合によるエンタルピー変化については,平均場を仮定することにより,比較的容易に解を求めることができる.ここでの平均場仮定とは,高分子 A に含まれるセグメント間の配置になんらの相関もなく,空間内に均質にセグ

メント A と溶媒 B が存在するという仮定である．この仮定の下では，系中のいずれの領域においてもセグメント A と溶媒 B の体積分率をそれぞれ全体の平均値である ϕ_A, ϕ_B とすることができる．この仮定は，厳密には高分子濃度が重なり合い濃度よりも十分に低いとき（$\phi_A \ll \phi^*$）には成立しない．なぜならば，希薄な濃度域では，高分子が存在する領域でのみ局所的にセグメント濃度が高く，高分子が存在しない領域では，セグメント濃度が 0 となるためである．しかし，ここでは簡単のためにこの仮定を受け入れて議論を進めよう．

AA 間，BB 間，AB 間の単位相互作用エネルギーをそれぞれ u_{AA}, u_{BB}, u_{AB} とすると，あるセグメント A と溶媒 B のもつ隣接セグメントとの間の平均的な相互作用エネルギー（U_A, U_B）は以下のように書くことができる．

$$U_A = u_{AA}\phi_A + u_{AB}\phi_B$$
$$U_B = u_{AB}\phi_A + u_{BB}\phi_B \tag{2-33}$$

最近接格子点数を z とすると，系が持つトータルの相互作用エネルギー（U）は以下のように書ける．

$$U = \frac{zn_A U_A}{2} + \frac{zn_B U_B}{2} = \frac{zn}{2}(\phi_A U_A + \phi_B U_B) \tag{2-34}$$

$1/2$ のファクターは，単位相互作用エネルギーが 2 回ずつ数えられているのを補正するためのものである．エントロピーのときと同様に $\phi_A = 1 - \phi_B = \phi$ として，式（2-33）を式（2-34）に代入すると，

$$U = \frac{zn}{2}\{\phi(u_{AA}\phi + u_{AB}(1-\phi)) + (1-\phi)[u_{AB}\phi + u_{BB}(1-\phi)]\}$$

$$= \frac{zn}{2}[u_{AA}\phi^2 + 2u_{AB}\phi(1-\phi) + u_{BB}(1-\phi)^2] \tag{2-35}$$

これが，混合状態におけるトータルの相互作用エネルギーである．次に，混合前の相互作用エネルギーを求めてみよう．セグメント A の単一相のもつ相互作用エネルギーは，AA 間の単位相互作用を持つ n_A 個のセグメントについて考えればよいことを考慮すると，

46　2　高分子溶液の性質

$$\frac{zn_A}{2}u_{AA} = \frac{zn}{2}\phi u_{AA} \tag{2-36}$$

溶媒 B の単一層の持つ相互作用エネルギーも同様に考えると，混合前のトータルの相互作用エネルギー（U_0）は，以下のようになる．

$$U_0 = \frac{zn}{2}[\phi u_{AA} + (1-\phi)u_{BB}] \tag{2-37}$$

よって，混合前後の相互作用エネルギー変化は，

$$U - U_0 = \frac{zn}{2}[u_{AA}\phi^2 + 2u_{AB}\phi(1-\phi) + u_{BB}(1-\phi)^2] - \frac{zn}{2}[\phi u_{AA} + (1-\phi)u_{BB}]$$

$$= \frac{zn}{2}[-u_{AA}\phi(1-\phi) + 2u_{AB}\phi(1-\phi) - u_{BB}\phi(1-\phi)]$$

$$= \frac{zn}{2}\phi(1-\phi)(2u_{AB} - u_{AA} - u_{BB}) \tag{2-38}$$

エントロピーのときと同様に，格子点 1 個あたりの相互作用エネルギー変化（$\Delta \bar{U}_{mix}$）を求めると，

$$\Delta \bar{U}_{mix} = \frac{U - U_0}{n} = \frac{z}{2}\phi(1-\phi)(2u_{AB} - u_{AA} - u_{BB}) \tag{2-39}$$

ここで，Flory の相互作用パラメーター（χ）を以下のように定義する．

$$\chi = \frac{z}{2}\frac{(2u_{AB} - u_{AA} - u_{BB})}{kT} \tag{2-40}$$

χ を使うと，$\Delta \bar{U}_{mix}$ は以下のように表される．

$$\Delta \bar{U}_{mix} = \chi\phi(1-\phi)kT \tag{2-41}$$

2-3-3　浸透圧の基礎式

ここまでを踏まえると，混合による自由エネルギー変化（ΔF_{mix}）は以下のように書ける．

2-3 高分子溶液の浸透圧 47

$$\Delta F_{\text{mix}} = n\Delta \bar{F}_{\text{mix}} = n(\Delta \bar{U}_{\text{mix}} - T\Delta \bar{S}_{\text{mix}})$$

$$= nkT\left[\frac{\phi}{N}\ln\phi + (1-\phi)\ln(1-\phi) + \chi\phi(1-\phi)\right] \qquad (2\text{-}42)$$

次に，浸透圧を求めてみよう．式 (2-21) に式 (2-42) を代入すると，

$$\Pi V_1 = -\left(\frac{\partial F_{\text{mix}}}{\partial n_{\text{B}}}\right)_{n_{\text{A}}}$$

$$= -\left(\frac{\partial\left(nkT\left[\dfrac{\phi}{N}\ln\phi + (1-\phi)\ln(1-\phi) + \chi\phi(1-\phi)\right]\right)}{\partial n_{\text{B}}}\right)_{n_{\text{A}}}$$

$$= -kT\left(\frac{\partial\left(\dfrac{n_{\text{A}}}{N}\ln\phi + n_{\text{B}}\ln(1-\phi) + \chi n_{\text{A}}(1-\phi)\right)}{\partial n_{\text{B}}}\right)_{n_{\text{A}}}$$

$$= -kT\left(\frac{n_{\text{A}}}{N}\frac{\partial(\ln\phi)}{\partial n_{\text{B}}} + \ln(1-\phi) + n_{\text{B}}\frac{\partial(\ln(1-\phi))}{\partial n_{\text{B}}} + \chi n_{\text{A}}\frac{\partial(1-\phi)}{\partial n_{\text{B}}}\right)$$

$$(2\text{-}43)$$

ここでは，以下の関係を用いた．

$$n_{\text{A}} = n - n_{\text{B}} = n\phi \qquad (2\text{-}44)$$

次の関係を用いて，さらに計算を進めていこう．

$$\left(\frac{\partial\phi}{\partial n_{\text{B}}}\right)_{n_{\text{A}}} = \frac{\partial\left(\dfrac{n_{\text{A}}}{n_{\text{A}} + n_{\text{B}}}\right)}{\partial n_{\text{B}}} = -\frac{n_{\text{A}}}{(n_{\text{A}} + n_{\text{B}})^2} = -\frac{\phi^2}{n_{\text{A}}} \qquad (2\text{-}45)$$

$$\Pi V_1 = -kT\left(-\frac{\phi}{N} + \ln(1-\phi) + \frac{n_{\text{B}}}{n_{\text{A}}}\frac{\phi^2}{1-\phi} + \chi\left(\phi - \frac{n_{\text{B}}}{n_{\text{A}}}\phi^2\right)\right) \qquad (2\text{-}46)$$

最後に，以下の関係式を用いると，高分子溶液の浸透圧を表す式 (2-48) を
得ることができる．

$$\frac{n_{\text{B}}}{n_{\text{A}}} = \frac{1-\phi}{\phi} \qquad (2\text{-}47)$$

48　2　高分子溶液の性質

$$\Pi V_1 = kT\left(\frac{\phi}{N} - \phi - \ln(1-\phi) - \chi\phi^2\right) \tag{2-48}$$

浸透圧の性質を理解するために，ϕ が小さいところでの展開式 $\ln(1-\phi) \approx -\phi - \phi^2/2$ を用いて式（2-48）を以下のように変形する．

$$\frac{\Pi V_1}{kT} = \frac{1}{N}\phi + \left(\frac{1}{2} - \chi\right)\phi^2 \tag{2-49}$$

ここで，きわめて濃度が低い領域（$\phi < N^{-1}$）においては，浸透圧の主要項は第1項となる．

$$\frac{\Pi V_1}{kT} \approx \frac{1}{N}\phi \tag{2-50}$$

ここで，ϕ/N が高分子のモル濃度に比例する量であることに着目すると，この式は理想気体の状態方程式と同等のものであることがわかる．さらに，もう1つ注目すべきは，エンタルピー項由来の χ が現れていないことである．この濃度領域では，高分子の溶解性にかかわらず，モル濃度のみで浸透圧が定まる．式（2-50）の正式な表式は，van't Hoff の式と呼ばれ，極微少な濃度領域で浸透圧から，高分子の分子量を測定するために用いられる．しかしながら一方で，高分子の N は一般に 100 を超えるため，かなり希薄な領域でしか上の式は成立しない．もう少し濃度の高い領域では，ϕ^2 の項まで考慮する必要が出てくる．そのような濃度でも，$\chi = 0.5$ のとき（θ 状態）は，式（2-49）の第2項がキャンセルされるために，式（2-50）が適用可能である．式（2-49）において，ϕ^2 のプレファクターのうち，1/2 はエントロピーの，χ はエンタルピーの寄与である点に注意しよう．すなわち，θ 状態においては，2体間の相互作用エネルギー（ΔU_{mix}）がエントロピーによりキャンセルされている状態であると言える．ここで注意すべき点は，式（2-49）も ϕ の小さいところでの展開式なので，たとえば，$\phi = 0.1$ 程度の高分子体積分率でも，粗い近似になってしまう場合があるという点である．さらに高い濃度領域では，3次以上の項を無視できないことを覚えておこう．

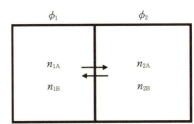

図 2-9 高分子溶液の相分離
異なる組成をもった 2 つの系が共存する.

2-3-4 高分子溶液の相分離

前項では，高分子と溶媒がランダムに配置される系，すなわち相溶系において浸透圧を求めた．しかしながら一方で，系が相溶しない 2 つの相に分離してしまうこともある．この項では，ある高分子溶液が，相分離系を形成する条件について学ぶ．具体的に，系に図 2-9 に示す異なる組成 (ϕ_1, ϕ_2) を持った 2 つの相（相 1，相 2）が共存する場合について考えよう．各々の相には，それぞれ n_{1A}, n_{2A} 個の A 分子と，n_{1B}, n_{2B} 個の B 分子が含まれる．

ここで，2 相からなる系は閉じているとすると，以下の関係式が得られる．

$$n_{1A} + n_{2A} = n_A \\ n_{1B} + n_{2B} = n_B \tag{2-51}$$

これらの式は，A 分子が相 1 から 1 個減ったときには，相 2 の A 分子がただ 1 個増えるのであって，あらわに B 分子の増減には直接影響しないことを示している．すなわち，相 1 と相 2 それぞれの相に存在する粒子数を規定するものではない．このような系において，相平衡の条件は以下のように書ける．

$$\left(\frac{\partial F_{\mathrm{mix}}}{\partial n_{1B}}\right)_{n_{1A}} = \left(\frac{\partial F_{\mathrm{mix}}}{\partial n_{2B}}\right)_{n_{2A}} \tag{2-52}$$

この微分は，1 個の B 分子が相に出入りするときの自由エネルギー変化を示し，化学ポテンシャル ($\Delta\mu$) とも呼ばれる．この式は，相 1 から B 分子が出ていくときと，相 2 から B 分子が出ていくときのエネルギー変化が等しいことを意味している．式 (2-42) を式 (2-52) に代入することにより，$\Delta\mu$ を得ることができる．

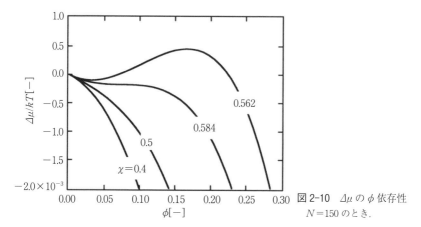

図 2-10 $\Delta\mu$ の ϕ 依存性 $N=150$ のとき.

$$\Delta\mu = \left(\frac{\partial F_{\text{mix}}}{\partial n_{\text{B}}}\right)_{n_{\text{A}}} = kT\left(\frac{\phi}{N} - \phi - \ln(1-\phi) - \chi\phi^2\right) \quad (2\text{-}53)$$

$\Delta\mu$ は ΠV_1 と逆符号を持つだけの違いしかないために,導出方法は前項とほぼ同様であることに注意しよう.図 2-10 に $N=150$ のときの,$\Delta\mu$ の ϕ 依存性を示す.χ が小さいときには,全組成において,$\Delta\mu$ は常に負であり,かつ単調減少のグラフとなる.すなわち,系中の B の濃度が高くなればなるほど,系は安定化するため,全濃度領域で分子 A と B は混和する.一方で,χ があるしきい値を超えると,ϕ の増加に伴い,極小値の後に極大値を持つようになり,明らかに,等しい $\Delta\mu$ を持つような 2 つ以上の組成が存在しうるようになる $(\Delta\mu(\phi_1) = \Delta\mu(\phi_2))$.

式 (2-53) が極小値と極大値を持つためには,$0<\phi<1$ の領域において,以下の方程式が 2 解を持てばよい.

$$\left(\frac{\partial \Delta\mu}{\partial \phi}\right)_{T,P} = 0$$

$$\left(\frac{\partial \Delta\mu}{\partial \phi}\right)_{T,P} = -1 + \frac{1}{N} - \frac{1}{\phi-1} - 2\chi\phi - 0$$

$$2\chi\phi^2 + \left(1 - \frac{1}{N} - 2\chi\right)\phi + \frac{1}{N} = 0 \quad (2\text{-}54)$$

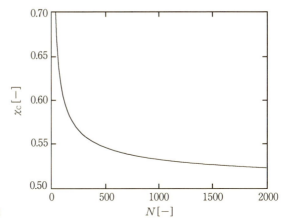

図 2-11　χ_c の N 依存性

ここで，$0<\phi<1$ であることを用いた．まずは，相分離が起こり始める χ の臨界点について調べてみよう．臨界点における関数形は，図 2-10 に示す $\chi=0.584$ のときのようになる．すなわち，式 (2-54) が重解を持つときである．式 (2-54) が ϕ の 2 次式であることを考慮すると重解を持つ条件は以下のように書き表される．

$$\left(1-\frac{1}{N}-2\chi\right)^2 - \frac{8\chi}{N} = 0$$

$$\chi_c = \frac{1}{2}\left(1+\frac{1}{N}\right)+\sqrt{\frac{1}{N}} \qquad (2\text{-}55)$$

χ_c は，相分離が起こり始める χ の臨界点を示す．図 2-11 に示すように，N が大きくなるに従い，χ_c は減少し，高分子量になるほど，相分離傾向が強くなることがわかる．χ_c は最終的に $\chi_c=1/2$（θ 状態）に漸近するものの，一般的な高分子の重合度が，せいぜい $10^2 \sim 10^3$ のオーダーであることを考えると，実際に臨界点が 1/2 になるという状況はかなり限られた状況であると言えよう．

次に，$\chi>\chi_c$ のときについて，考えてみよう．2 解が存在するとき，式 (2-54) の解は以下のように書ける．

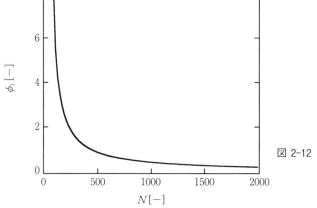

図 2-12 相分離で生じた 2 相の低濃度側の高分子体積分率 (ϕ_1) の N 依存性

$$\phi = \frac{2\chi + \frac{1}{N} - 1 \pm \sqrt{\left(2\chi - \frac{1}{N} - 1\right)^2 - \frac{4}{N}}}{4\chi} \tag{2-56}$$

相分離で生じた 2 相のうちの低濃度側における高分子体積分率を ϕ_1 とし，その N 依存性を図 2-12 に示す．分子量の増大に従い，希薄相の高分子体積分率が減っていることより，やはり相分離傾向が強くなることが示唆される．

2-3-5 スケーリングによる浸透圧の予測

前項までで述べた，格子を用いた平均場理論は，良溶媒で特に濃度の低い領域において成立しないと，de Gennes は主張した．なぜならば，c^* 以下の濃度領域においては，鎖は膨潤しており，互いに避け合うためである．このような排除体積作用は，格子モデルでは考慮されていない．また，セグメントは相互につながっており，高分子の重心付近に局在しているために，濃度にも空間分布がある．このような状況においては，平均的な ϕ の持つ意味も限定されたものになる．de Gennes は上記の問題を解決すべく，スケーリング理論を用いることによって，浸透圧の定式化を行った．

浸透圧は，濃度によるベキ展開（ビリアル展開）によって，以下のように書き下すことができる．

$$\frac{\Pi}{kT} = \frac{c}{N} + B_2\left(\frac{c}{N}\right)^2 + B_3\left(\frac{c}{N}\right)^3 + O\left(\left(\frac{c}{N}\right)^4\right) \tag{2-57}$$

ここで，c はセグメント単位の数密度（$1/m^3$），N は高分子の重合度（－），B_2, B_3 はそれぞれ第2，第3ビリアル係数である．c/N は高分子の数密度（$1/m^3$）であり，希薄な極限では第2項以上が無視できて，理想気体と同様，浸透圧が高分子の数密度に比例する（式（2-50）参照）．しかしながら一般に，希薄領域（$\phi < \phi^*$）においても2体の高分子間の相互作用である第2項の影響を完全に無視することはできない．良溶媒（$\nu=0.6$）を仮定すると，希薄領域では高分子は半径 R_F の球のように振る舞うため，第2ビリアル係数は $R_F{}^3$ の定数倍で表される．よって，以下の式が得られる．

$$\frac{\Pi}{kT} = \frac{c}{N} + 定数 \times R_F{}^3\left(\frac{c}{N}\right)^2 + O\left(\left(\frac{c}{N}\right)^3\right) \tag{2-58}$$

この式の妥当性は Π の直接測定や光散乱により，さまざまな系において確かめられている[9]．

　次に，$\phi^* \ll \phi \ll 1$ の濃度領域（準希薄領域）について考える．まず，この濃度域でのスケーリング則を立式するために式（2-58）について考える．

1. 希薄領域では Π/kT は c/N に比例する．（互いの単位は等しい）
2. 準希薄領域においては2体間相互作用（$B_2 \approx R_F{}^3$）の寄与はある程度大きそうである．
3. 第2項の主要部は $c/N(R_F{}^3 c/N)$ と変形でき，$R_F{}^3 c/N$ は無次元である．

以上の考察より，両辺の単位を合わせるための主要部として c/N を用い，無次元量である $R_F{}^3 c/N$ のベキ乗を掛け合わせることを想起すれば，以下のスケーリング式が得られる．

$$\frac{\Pi}{kT} = \frac{c}{N}\left(R_F{}^3\frac{c}{N}\right)^x = \frac{c}{N}\left(\frac{c}{c^*}\right)^x \tag{2-59}$$

ここで，$N/R_F{}^3$ は高分子の重なり合い濃度 c^* を表すスケーリング則であることを用いた（2-2節参照）．結果として，式（2-59）の右辺は，高分子濃度が重なり合い濃度と比べてどのくらい大きいかが浸透圧を決める因子であることを示している．式（2-59）の x を決めるためには，1つ要請を与える必

54　2　高分子溶液の性質

要がある．それは，「浸透圧は分子量によらないこと」である．なぜならば，c^* よりも高い濃度にあれば，系は混合模型により表されるはずであり，準希薄溶液の性質は分子量によらず，ブロブの性質により定まるはずであるからである．$R_\mathrm{F}=aN^{3/5}$ であることを用いて，式変形すると，

$$\frac{\Pi}{kT} \approx \frac{c}{N}\left(R_\mathrm{F}{}^3\frac{c}{N}\right)^x \sim \frac{1}{N}\left(N^{\frac{4}{5}}\right)^x \tag{2-60}$$

ここで，N のベキが消えるように x を決めると，$x=5/4$ となり，最終的に以下のスケーリング式を得る．

$$\frac{\Pi}{kT} = \frac{c}{N}\left(\frac{c}{c^*}\right)^{\frac{5}{4}} \sim c^{\frac{9}{4}} \sim \phi^{\frac{9}{4}} \tag{2-61}$$

　最後に，浸透圧とブロブの関係について調べてみよう．2-2 節で見たように，準希薄領域においては，ブロブこそが溶液の特性を決める重要な要素であった．ブロブサイズの ϕ 依存性（$\xi \sim \phi^{-3/4}$）を考慮すると，式（2-61）は以下のように変形することができる．

$$\frac{\Pi}{kT} \sim \frac{1}{\xi^3} \tag{2-62}$$

この式は，浸透圧がブロブの数密度（$1/\xi^3$）に比例することを示しており，準希薄領域におけるブロブの概念の重要性を改めて強く示している．つまり，準希薄溶液においては，ブロブが浸透圧をもたらす単位である．この浸透圧の表式は，これまでの議論と同様，良溶媒だけでなく ν によって特徴付けられる任意の溶液系に適用することが可能である．

$$\frac{\Pi}{kT} \sim \frac{1}{\xi^3} \sim \phi^{\frac{3\nu}{3\nu-1}} \tag{2-63}$$

この，準希薄溶液における帰結は，かなり広い範囲の高分子ゲルに直接適用することが可能であると予想される．なぜならば，高分子ゲルの 3 次元網目の分子量は無限大であるので，高分子ゲルの重なり合い濃度は 0 になるためである．理屈としては，どんなに希薄な条件でも，ゲル化さえしていれば系

は高分子で満たされており，準希薄系と見なすことができると考えられる．

コラム2　高分子ゲルのブロブサイズ

　ブロブとは，「しずく」という意味を持ち，もともと準希薄領域の溶液における高分子の相関距離として，de Gennesにより定義された．ブロブについては，2-2節でも説明したが，なかなかにイメージしづらい概念であるかもしれない．ここでは，別の角度からブロブの説明を行う．

　図に示す，準希薄溶液中のある高分子に含まれるモノマー0に着目しよう．準希薄溶液では，本来ならばもっと多くの高分子が混ざり合った状況を考える必要があるが，ここでは簡略化のためにその中の2本の高分子（白抜きとグレーにてマーク）のみを示している．最初に考えて欲しい問題は，モノマー0から見て，直接つながっているモノマー1と，別の高分子に含まれるものの近くに存在するモノマーaを区別できるかどうかである．

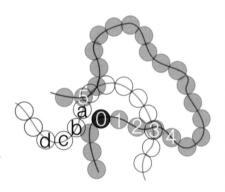

　答えは，「できる」である．その理由は，aは近くに存在しているとはいえ，1のように直接的に結合しているわけではないためである．このような直接的な結合に基づく相互作用は，2, 3, 4と離れていくに従って，徐々に小さくなる．そして，どんどん離れていき，たとえばモノマー5くらいまで離れると，結合を介した相互作用は無視できる程度になる．よって，モノマー0からみると，モノマー5とモノマーaは同じような距離に存在するモノマーであり，区別はできなくなる．

　モノマー0と1のように，互いに相互作用を持って運動する2つのモノマーには「相関」があるという．モノマー同士の相関は，直接結合しているモノマーの内で距離が近いものほど大きい．相関の強さは距離に対して減衰し，相関がおおよそなくなる距離のことを相関距離もしくは，ブロブサイズという．よって，ブロブとは，あるモノマーとある程度強い相関を持つモノマーのかたまり，ということができるかもしれない．ブロブサイズは，濃度の上昇と共に減少し（周囲のモノマー密度が増えるために，より早い段階で区別が付かなくなる），一般におおよそ数nm程度のオーダーである．

　次に高分子網目について考えるが，相関距離の定義は同様である．問題は，

架橋が相関距離に対してどの程度の影響を及ぼすかである．こちらについては，ゲルの濃度を固定して，網目の結合率のみを変化させていった実験結果があり，相関距離は結合率にほぼ影響を受けないということが明らかになっている．すなわち，架橋点の存在はブロッブのサイズに大きな影響を及ぼさない．この結果は，ブロッブサイズに比して，架橋点間距離が大きいと考えれば，容易に理解することができる．すなわち，図のスケールに架橋点がせいぜい1つしかないような場合，架橋点は相関に対して大きな影響を及ぼすことはないということである．一方で，密に架橋した場合は，相関距離が準希薄領域のものよりも大きくなることが観察されている（この結果は，直感とは逆かもしれない．いずれにせよ，ここで重要なことは，相関距離は架橋と直接的には関係しないということである．相関距離は，準希薄領域における元々の定義より，網目構造と言うよりは，むしろ溶液としての特性を反映するパラメーターであり，高分子濃度や浸透圧との関連の方が強い．

参考文献

[1] Flory, P. J.; *Principles of polymer chemistry*. Cornell University Press: Ithaca, 1953.

[2] Cotton, J. P., et al.; Conformation of Polymer Chain in the Bulk *Macromolecules*, **1974**, 7, 863-872.

[3] *Polymer Handbook*. Fourth edition. Wiley-Interscience.

[4] Konishi, T., et al.; Mean-Square Radius of Gyration of Oligostyrenes and Polystyrenes in Dilute-Solutions *Macromolecules*, **1990**, 23, 290-297.

[5] Osa, M., et al.; Gyration-radius expansion factor of oligo- and poly (alpha-methylstyrene)s in dilute solution *Macromolecules*, **2001**, 34, 6402-6408.

[6] Daoud, M., et al.; Solutions of Flexible Polymers-Neutron Experiments and Interpretation *Macromolecules*, **1975**, 8, 804-818.

[7] Flory, P. I.; Thermodynamics of high polymer solutions *Journal of Chemical Physics*, **1942**, 10, 51-61.

[8] Huggins, M. L.; Theory of solutions of high polymers *Journal of the American Chemical Society*, **1942**, 64, 1712-1719.

[9] Zimm, B. H.; Apparatus and Methods for Measurement and Interpretation of the Angular Variation of Light Scattering-Preliminary Results on Polystyrene Solutions *Journal of Chemical Physics*, **1948**, 16, 1099-1116.

3 高分子ゲルの定義とゴム弾性

　前章までで，高分子一本鎖や，高分子溶液の特性について学んだ．本章からは，これまでの議論をベースとして，高分子ゲルの構造と物性の相関について見ていこう．まずは，高分子ゲルの力学的な特性を概観するために，典型的なゲルの1軸延伸における工学応力(σ)-延伸倍率(λ)曲線を示す（図3-1）．ここでの応力と延伸倍率は，高分子ゲルを引っ張ったときにかかる，規格化された力と試験片長さであり，以下のように定義される．

$$\sigma = \frac{F}{S} \qquad (3\text{-}1)$$

$$\lambda = \frac{L}{L_0} \qquad (3\text{-}2)$$

ここで，Fは試料に印加した力，Sは試料の未変形時の断面積，L_0は未延伸時の試験片長，Lは延伸後の試験片長である．延伸倍率の代わりに，以下に定義されるひずみという値を用いてこの関係を議論する場合もある．

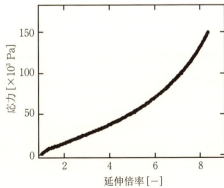

図3-1　典型的なゲルの1軸延伸における工学応力(σ)-延伸倍率(λ)曲線

58 3 高分子ゲルの定義とゴム弾性

$$\varepsilon = \frac{L-L_0}{L_0} = \lambda - 1 \tag{3-3}$$

一般に高分子ゲルは，高い変形性を有し，変形性の大きなものでは10倍以上伸びることもある．しかも，切断されない範囲においては，繰り返し，同様の応力-延伸倍率曲線が得られることが一般的である．これは，高分子ゲルの力学応答が，高分子鎖のエントロピー弾性に起因するゴム弾性であるためである．よって，網目を形成している高分子の鎖がどのようにつながれて網目になっているか，すなわち網目構造の形が，高分子ゲルの力学特性を決定する要因となる．

高分子ゲルの研究において，構造・物性相関を明らかにすることは，きわめて重要な位置を占めている．その理由の1つはもちろん，材料設計の指針として重要なためである．そして，もう1つの理由は，網目構造を推定する方法論としてである．後者については，わかりにくいと思うので，少しだけ補足しよう．

たとえば，金属材料であれば，原子配列を直接観察することと物性を測定することの両方が可能である．構造と物性を独立に得ることができるので，構造・物性を関連づけるモデルの検証を行うことができ，結果としてその材料について理解することが可能となる．すなわち，構造・物性・モデルの3点が揃うと，3者を関連づけることができ，取り扱いのしやすい学問体系を構築することが可能となる．

一方で，高分子ゲルの3次元網目は直接的に観察することができないため，そもそも学問体系として取り扱いが難しい．実際の構造の代わりに，3-2節で示すように仕込みの条件から予想される構造を用いて議論するしかないのであるが，高分子網目は本質的に不均一であるために，仕込みから予想される構造は実際の構造とは異なる．よって，構造と物性の相関を議論することは困難であるし，構造と物性を記述するモデルの検証を行うことも事実的に不可能となる．結果として，ある1つの物性を予測するモデルが複数個共存しているという摩訶不思議な状況となってしまっている．現段階では，どのモデルが正しいのか，どのような網目に適用可能なのか，などについてもわかっていないことが多い．今後，均一網目に対する系統的な研究を通して，

高分子ゲルの構造・物性相関が明らかにされることが強く望まれる.

さて，話を元に戻そう．高分子網目の構造は直接観察できないし，モデル
も不確かであるものの，構造を知りたいという欲求はやはり強い．そのため，
力学特性からモデルを用いて構造を推定することは，高分子ゲルの構造を知
るための重要な方法論の1つとして現在でも広く用いられている．力学特性
の中でも弾性率は最も簡便に求められる物性値の1つであり，網目構造の推
定のために最もよく用いられているパラメーターである．本章では，最初に
ゲルの定義について学んだ後に，弾性率を予測するモデルについて見ていこ
う．

3-1　高分子ゲルの定義

まずはゲルがどのように定義されるか，ということについて考えてみよう．
高分子ゲルの定義は「高分子の鎖が架橋によってつながれ，3次元の網目構
造を形成した物質が溶媒を含んだもの」とされている[1]．高分子がつながれ
て3次元の網目構造を形成したことは，どのようにして実験的に確認され
るのであろうか？　ここではゲル化を判定する手法のうち代表的な2つとし
て，レオロジーと散乱実験について紹介しよう．

3-1-1　レオロジーによるゲルの定義

レオロジー測定では，ある応力を与えた際のひずみ応答や，ひずみを与え
た際の応力応答を，時間の関数として測定し，その結果から，物質のいろい
ろな性質を知ることができる．たとえば，理想的な液体であるニュートン液
体に一定の応力を加え続けた場合，液体は一定のひずみ速度で流れ続ける．
一方で，理想的な固体であるフック弾性体に一定の応力を加え続けた場合は，
固体は一定の変形した状態にて保持される．逆に言うと，一定の応力下にお
いて，時間とともにひずみが一定速度で増加するものを液体と，最終的に一
定のひずみを示すものを固体であると決定することができる．もちろん，流
れや変形の様子から粘度や弾性率などを求めることも可能である．高分子ゲル
は，「3次元網目からなる固体」であるために，基本的には流れないことを
もってゲルであるとすればよい．以下，レオロジー測定でよく行われる応力

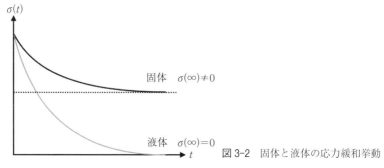

図 3-2 固体と液体の応力緩和挙動

緩和を例にとって，ゲル化について考えよう．

応力緩和ではある一定のひずみを物質に与え，そのひずみを維持するためにかかる応力の時間発展 $\sigma(t)$ を観察する（図 3-2）．高分子溶融体などは短時間領域では弾性を示すものの，基本的には液体であるために長時間の観察においては粘性が支配的となり，最後には応力が 0 となる．これが一般的な「粘弾性液体」である．一方でゲルは，3 次元の網目が存在するため，短時間領域では応力が緩和したとしても，長時間領域でも応力は 0 にはならず有限の値を示す．つまり「粘弾性固体」である．この長時間領域における応答の差が固体（ゲル）であるか液体（ゾル）であるかの違いとなる．

厳密には，長時間領域において有限の平坦弾性率が定義できるものがゲル，平坦弾性率が 0 になり粘度が定義できるものがゾルである．液体からゲルになるときは，粘度が徐々に上昇し，ゲル化すると定義できなくなる．すなわち，ゾルとゲルの境界（臨界点）においては粘度が無限大に発散すると考えられる．この予測を検証するために，多くの研究者によって粘度の発散点を評価する試みがなされてきたが，臨界点近傍になると粘度が急激に増加するために実験的な評価は困難であった．そこで Winter らは，ひずみを正弦波的に印加する動的粘弾性測定を用いて臨界点の特定を行った[2]．動的粘弾性においては，系の粘性を示す G'' と弾性を示す G' の周波数依存を測定する．動的測定における角周波数は，静的な測定における時間と逆比例の関係であり，静的測定において長時間待つことと，動的測定において低い角周波数で測定することは同じ意味を持つ．

液体における応力緩和は，動的測定においては，低周波数領域（長時間測定に対応）における G'' と G' の周波数依存性（$G' \sim \omega^2, G'' \sim \omega^1$）として観察

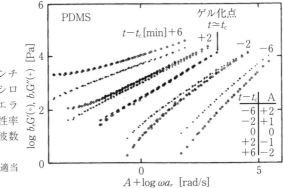

図 3-3 反応を途中でクエンチしたポリジメチルシロキサン（PDMS）エラストマーの貯蔵弾性率と損失弾性率の周波数依存性

各サンプルのスペクトルは適当に横シフトをかけている[2]．

され，粘度は $G'' = n\omega^2$ として得られる．一方で，ゲル状態では，低周波数領域において，G' に周波数依存性が無いプラトー領域が観察される（$G' \sim \omega^0$）．その中間であるゲル化点においては，網目はフラクタル構造をとることが知られており，この構造を反映したスペクトルである $G' \approx G'' \sim \omega^\beta$ が観察される．このスペクトルは，粘度が無限大に発散していることを示しており，架橋方法によらず，すべてのゲルにおいて同様の挙動が示されることが確認されている．このゲル化点の判定基準は，Winter-Chambon の判定条件と呼ばれる．

3-1-2 散乱実験によるゲルの定義

物質に対して光やX線，中性子などの波を照射すると，その物質を構成する原子は入射波の影響を受けて，新たな波を周囲へ発生させる．このように入射波によって2次的な波が発生する現象は散乱と呼ばれる．このとき，物質から離れた場所にスクリーンを置くと，1つ1つの原子から散乱された波が互いに干渉して干渉縞を発生させる．この干渉縞は原子の位置相関を反映したものであるため，干渉縞を解析することによって，物質の内部構造を明らかにすることが可能である．高分子溶液やゲルに対して散乱測定を行うと，高分子の分子内相関や高分子間の相関に関する情報を得ることが可能となる（静的散乱）．また，高分子が運動をしている場合，高分子の位置は時間とともに変化するので，干渉縞も時間とともに変化する．この干渉縞の時間変化から高分子の運動に関する情報を得ることができる（動的散乱）．

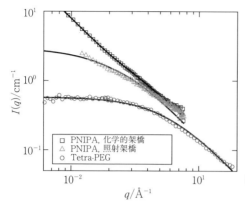

図 3-4 Tetra-PEG ゲルと PNIPAM ゲルの小角中性子散乱

　一般的なゲルは大きな構造不均一性を持つために，静的散乱実験を行うと，均一な高分子溶液では見られない小角領域（$q<0.01\ \text{Å}^{-1}$）での過剰散乱が観測されることが知られている（実空間で数十 nm 以上のスケール）[3, 4, 5]．このようなゲルに対して動的光散乱を行うと，高分子運動の自己相関関数の初期振幅が低下する．これは観測領域内に運動が凍結された高分子が存在することを意味しており，ゲル化によって網目が形成されたことに起因する．これらの変化は系が溶液からゲルに変化する際によく観測されるため，ゲル化の指標とされてきた．

　ただし，ゲルの静的散乱で見られた小角領域での過剰散乱は，高分子が凝集することでも同様の小角領域における過剰散乱が生じるため，ゲル化と小角領域での立ち上がりが一義的に対応するとは言い切れない．実際に，Tetra-PEG ゲルを用いた実験においては，ゲル化点においても小角領域の過剰散乱がほとんど観察されていない[6]．また，動的光散乱においては，Tetra-PEG の溶液とゲルでは自己相関関数の初期振幅は変化しないことも明らかになった．近年のこれらの新しい発見は散乱におけるゲル化の定義を見直す必要があることを示唆している．

3-2　高分子ゲルの網目サイズ

　網目構造を記述する上で，最もイメージしやすい構造パラメーターは網目サイズであろう．しかしながら，高分子の網目構造を直接観察することは現

在の技術では不可能である．よって前述の通り，網目サイズは，何かしらの仮定の下で推定するほかない．平均の網目サイズを推定する方法には，大きく分けて下に示す3つの方法がある．
1. 架橋剤の仕込み濃度や架橋点間重合度より算出する方法
2. 弾性率（膨潤度）より算出する方法
3. 散乱実験により求めたブロブサイズを網目サイズとする方法

どの方法が高分子ゲルの網目サイズを規定するのに最もふさわしい方法であろうか？　それは，見積もった網目サイズを用いて，どのような物性を予測したいかによる．網目サイズは，たとえば高分子ゲルの延伸性や物質透過性の予測に用いられるが，実験事実として，両者を統一的に支配する網目サイズは存在しないことがわかっている．逆に言えば，1から3の方法で求められる網目サイズはいずれも何かしらの物性値と関連している．2や3については以降の節に譲ることとして，本節では最も簡便な1の方法で網目サイズを求めてみよう．

ここでは，簡単のために，図3-5に示すような4分岐の網目構造について考えよう．仕込んだ架橋剤（架橋剤密度：c）がすべて架橋点となり，さらに均一に分布していると仮定すれば，架橋点間距離（d）を求めることができる．反応空間を体積の等しい立方体に分割し，そこに1つずつ架橋点を入れ込むことにしよう．そして，隣接する架橋点が高分子によってつながれていると考えよう．もちろん，この空間分割の方法では，きれいな格子状の4分岐網目を作ることはできないが，ここではあくまで平均的にそのくらいの距離を隔てて架橋点がある状況について考える．このとき，ある架橋点が占めることができる体積は$1/c(\mathrm{m}^3)$であるため，立方体の1辺の長さ（d）は，以下のように書くことができる．

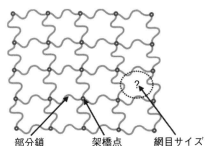

図3-5　4分岐網目の模式図　　部分鎖　　架橋点　　網目サイズ

64　3　高分子ゲルの定義とゴム弾性

$$d = \left(\frac{1}{c}\right)^{\frac{1}{3}} \tag{3-4}$$

たとえば，高分子ゲルの一般的な架橋点濃度である $1\,\mathrm{mol/m^3}$ であれば，架橋点間距離はおおよそ $10^{-7} \sim 10^{-8}\,\mathrm{m}$ となる．実際に高分子ゲル内における量子ドット（径が $10\,\mathrm{nm}$ 程度）の拡散が大きく阻害されることからも，このラフな計算方法により求められた架橋点間距離はあながち間違っていないことがわかる．

　次に，架橋点間重合度から求める方法を試してみよう．たとえば，両末端に反応性の官能基を持つ高分子がそのままの形状で架橋されて網目が形成されるとすれば，単純に高分子の重合度から末端間距離を算出すればよい．重合度が 10^2，モノマー長（保持長と等しいとする）が $5\,\mathrm{\AA}$ の理想鎖であれば，末端間距離は $5 \times 10^{-9}\,\mathrm{m}$ となる．モノマーと架橋剤から網目をつくる場合については，モノマー濃度を架橋剤濃度で除することにより，あらかじめ架橋点間重合度を求めておけば，同様の計算を行うことでやはり架橋点間距離を求めることができる．

　上記2つの方法を用いると，同様の実験条件より，2つの網目サイズが算出されることとなる．上述の通り，どちらから計算してもおおよそナノメートルオーダーの架橋点間距離が得られるものの，どちらの考え方を採用するかで，ゲル化過程に対する考え方が大きく異なることになる．架橋剤濃度から考える場合は，ゲルを作製したときの架橋点間高分子はその高分子が未架橋の状態で持つ構造とは異なる構造で網目に組み込まれることを暗に支持することとなる．一方で，架橋点間重合度から考える場合は，高分子が持つ末端間距離に存在する架橋点同士のみがつながれることを仮定するために，重なり濃度以下の濃度ではゲルができにくくなることや，高濃度ではからみ合いが生じることを暗に支持することとなる．

　ここで注意すべきもう1つの点は，このようにして求めた架橋点間距離はあくまで作製時のものである点である．実験的にゲルがさらに膨潤・収縮する際には，体積変化分を架橋点間距離の算出に加味することもできる．

3-3 高分子ゲルの弾性率

ゲルの網目が多数の高分子が編まれてできていることを考えれば，ゲルの力学特性が，第 1 章で学んだ一本鎖の力学特性の和として記述できそうであることは想像に難くないだろう．特に，弾性率に関しては，微小変形領域だけを考えればよいために，部分鎖として理想鎖を仮定すれば，統計力学的に話を進めることができる（変形が小さいとき，理想鎖はガウス統計に従う）．次節では，理想鎖からなる網目を予測するモデルであるアフィンネットワークについて学び，その後さらに複雑なモデルについて見ていこう．

3-3-1 アフィンネットワークモデル

高分子網目の弾性率を記述するための最も簡単なモデルは，Kuhn により提唱されたアフィンネットワークモデル（Affine network model）である[7]．図 3-6 に示すように，初期のバルクの形状は 3 辺が L_{x0}, L_{y0}, L_{z0} である直方体であり，この高分子網目に含まれるある部分鎖の両末端間ベクトルを $\mathbf{r}_0 = (r_{x0}, r_{y0}, r_{z0})$ であるとしよう．

次に，この直方体の各々の軸をそれぞれ $\lambda_x, \lambda_y, \lambda_z$ 倍延伸し，各辺を $\lambda_x L_{x0}, \lambda_y L_{y0}, \lambda_z L_{z0}$ とした場合について考えよう．このモデルでは，バルクの網目とミクロな部分鎖の変形様式が比例していること（アフィン変形）を仮定する．つまり，この場合には変形後の両末端間ベクトルは巨視的な変形と同様に変形し，$\mathbf{r} = (\lambda_x r_{x0}, \lambda_y r_{y0}, \lambda_z r_{z0})$ となる．このときの，部分鎖のエネルギー変化について考えよう．ここで，部分鎖が理想鎖であると仮定すると，式

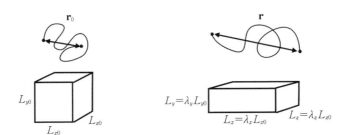

図 3-6 ゲルと部分鎖の変形の様子

66　3　高分子ゲルの定義とゴム弾性

(1-34) よりある部分鎖の持つエントロピー $S(N, \mathbf{r})$ は以下のように書ける.

$$S(N, \mathbf{r}) = -\frac{3k\mathbf{r}^2}{2Na^2} + S(N, \mathbf{0}) \tag{3-5}$$

よって，変形前後のエントロピーの差（ΔS）は，

$$\Delta S = S(N, \mathbf{r}) - S(N, \mathbf{r}_0) = -\frac{3k(\mathbf{r}^2 - \mathbf{r}_0{}^2)}{2Na^2}$$

$$= -\frac{3k}{2Na^2}(((\lambda_x r_{x0})^2 + (\lambda_y r_{y0})^2 + (\lambda_z r_{z0})^2) - (r_{x0}{}^2 + r_{y0}{}^2 + r_{z0}{}^2))$$

$$= -\frac{3k}{2Na^2}((\lambda_x{}^2 - 1)r_{x0}{}^2 + (\lambda_y{}^2 - 1)r_{y0}{}^2 + (\lambda_z{}^2 - 1)r_{z0}{}^2) \tag{3-6}$$

ここで，理想鎖は等方的であり，$\mathbf{r}_0{}^2 = a^2 N$ であることを用いると，以下の関係式を得ることができる.

$$r_{x0}{}^2 = r_{y0}{}^2 = r_{z0}{}^2 = \frac{a^2 N}{3} \tag{3-7}$$

式 (3-7) を式 (3-6) に代入すると，以下の式を得る.

$$\Delta S = -\frac{k}{2}(\lambda_x{}^2 + \lambda_y{}^2 + \lambda_z{}^2 - 3) \tag{3-8}$$

網目内に存在する部分鎖の総数を n とすると，系全体としてのエネルギー変化（ΔF）は以下のように書ける.

$$\Delta F = -nT\Delta S = \frac{nkT}{2}(\lambda_x{}^2 + \lambda_y{}^2 + \lambda_z{}^2 - 3) \tag{3-9}$$

　次に，高分子ゲルを1軸方向に延伸した際の挙動について考える．ここで，応力に対して変形する際に高分子ゲルの体積はほとんど変化しない点に注意しよう．それは，その構成要素のほとんどを占める溶媒が体積変化する，もしくはゲルから絞り出されるよりもはるかに小さな力で網目が変形するためである．このような性質を非圧縮性といい，以下の式で表される.

$$\lambda_x \lambda_y \lambda_z = 1 \tag{3-10}$$

3-3 高分子ゲルの弾性率 67

結果として，高分子ゲルを x 軸方向に延伸すると延伸軸と垂直な 2 軸方向の寸法は収縮する．y 方向，z 方向は等価であることを用いると，各々の軸の変形率は以下のように書ける．

$$\lambda_x = \lambda, \lambda_y = \lambda_z = \lambda^{-\frac{1}{2}} \tag{3-11}$$

式（3-9）に代入すると，

$$\Delta F = \frac{nkT}{2}(\lambda^2 + 2\lambda^{-1} - 3) \tag{3-12}$$

エネルギーを延伸方向の長さで微分したものが，1 軸方向に延伸するのに必要な力（f_x）であるので，

$$f_x = \frac{\partial(\Delta F)}{\partial L_x} = \frac{\partial(\Delta F)}{\partial \lambda L_{x0}} = \frac{nkT}{2L_{x0}}\frac{\partial(\lambda^2 + 2\lambda^{-1} - 3)}{\partial \lambda} = \frac{nkT}{L_{x0}}(\lambda - \lambda^{-2}) \tag{3-13}$$

f_x を初期断面積で除し，公称応力（σ）に換算すると以下のようになる．

$$\sigma = \frac{f_x}{L_{y0}L_{z0}} = \frac{nkT}{L_{x0}L_{y0}L_{z0}}(\lambda - \lambda^{-2}) = \frac{nkT}{V_0}(\lambda - \lambda^{-2}) \tag{3-14}$$

この関係式を，ネオフッキアン（Neo-Hookean）モデル（詳しくは 5-3-1 項参照）と呼ぶこともある．式（3-14）のプレファクターはずり弾性率（Shear modulus: G）と呼ばれる．

$$G = \frac{nkT}{V_0} = \nu kT \tag{3-15}$$

ここで，ν は部分鎖の数密度（m^{-3}）である．式（3-15）は端的に，部分鎖 1 本あたりの弾性率への寄与が熱エネルギー程度（kT）であることを示している．次に，σ と λ の関係の初期の傾きを求めるために，式（3-14）を λ によって微分し，$\lambda = 1$ を代入する．

$$\left.\frac{\partial \sigma}{\partial \lambda}\right|_{\lambda=1} = G(1 + 2\lambda^{-3})|_{\lambda=1} = 3G = E \tag{3-16}$$

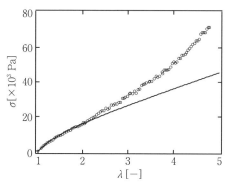

図 3-7 実際の応力延伸曲線とネオフッキアンモデル

ここで，初期の傾きである E はヤング率もしくは引っ張り弾性率と呼ばれるものであり，高分子ゲルのような非圧縮性の物質では，$E=3G$ の関係がある．

最後に，式 (3-14) より導かれる応力と延伸倍率の関係を示す（図 3-7）．図より明らかに，両者は直線関係になく，非線形的である．これは，エントロピー弾性の特徴であり，各々の関係が直線関係であるエネルギー弾性とは大きく異なる点である．図 3-7 には，本章の最初に示した応力延伸曲線を共に示している．延伸倍率の低い領域における実験値は，よくこの関係に従っていることがわかる．しかしながら，大きな延伸倍率の領域においては，応力はこの予測よりも大きくなっている．このずれは，鎖が大きく引き伸ばされてガウス統計に従わなくなったことを示している．1-1-3 項に示したように，本来，各々の部分鎖は，最長でおおよそ aN までしか伸びることはできない．アフィンネットワークモデルが正しいのは，あくまでガウス統計が適用可能な小さな変形に対してであり，ある一定以上引き伸ばした際には，この有限伸びの効果を考慮する必要がある．

3-3-2 ファントムネットワークモデル

アフィンネットワークモデルにおける最も重要な仮定は，架橋点のアフィン変形であった．しかし，実際の系では，架橋点がバルクの変形に完全に追随している必要はない．等体積変形であることを考慮すれば，架橋点の平均位置はおおよそアフィン変形してしかるべきであるが，完全に固定されているわけではなく，その平均位置の付近で揺らいでいてもよいはずである．ファントムネットワークモデル（Phantom network model）は，この架橋点の

ゆらぎを考慮したモデルであり，JamesやGuthにより考案された[8]．では，架橋点のゆらぎをどのように考えたらよいであろうか？ ここでも，頼りとなるのは，やはりガウス統計である．Rubinsteinらのやり方に従って，進めていこう[9]．

最初に知りたいことは，片末端が原点，もう片末端が**X**という地点に固定されているN歩の3次元ランダムウォークにおいて，s歩目はどのあたりに存在していて，どの程度のゆらぎを持っているかである．まずは，イメージしやすい1次元空間において考えてみよう．問題設定は以下の通りである．

> 1次元において，原点を出発しN歩でXまで至るランダムウォークがあるとする．上記の条件を満たすすべてのランダムウォークの中で，s歩目にxという地点にいる確率はどのくらいであろうか？

原点からスタートしてN歩でXに至るすべての事象は，図3-8の概念図における斜線部で表される．この斜線部で表される場合の数の総数は，原点からスタートしてN歩でXに至る場合の確率密度分布$P_{1D}(N, X)$によって規定されるはずである．式（1-21）を用いると，$P_{1D}(N, X)$は以下のように書ける．

$$P_{1D}(N, X) = \frac{1}{\sqrt{2\pi a^2 N}} \exp\left(-\frac{X^2}{2a^2 N}\right) \tag{3-17}$$

次に，この場合の中で(s, x)を通る場合について考えてみよう．この場合は，最終的には(N, X)に到達するものの，s歩目にはxにいる場合であると

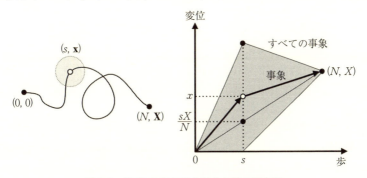

図3-8　N歩でXに至る場合の数の概念図

70　3　高分子ゲルの定義とゴム弾性

考えればよい．もちろん，ランダムウォークであるために行ったり来たりしており，このような直線的な軌道を描いているわけではないが，概念的には原点から (s, x) を通り，最終的に (N, X) に到達する図 3-8 の矢印のような経路になる．この場合の確率密度を求めるためには，s 歩で x に到達した後，残りの $N - s$ 歩で $X - x$ だけ進む過程を考えればよい．この確率密度分布は以下のように書くことができる．

$$
\begin{aligned}
P_{1\mathrm{D}}&(s, x) \cdot P_{1\mathrm{D}}(N-s, X-x) \\
&= \frac{1}{\sqrt{2\pi a^2 s}} \exp\left(-\frac{x^2}{2a^2 s}\right) \cdot \frac{1}{\sqrt{2\pi a^2 (N-s)}} \exp\left(-\frac{(X-x)^2}{2a^2 (N-s)}\right) \quad (3\text{-}18)
\end{aligned}
$$

よって，求めたい確率密度分布は以下のように書ける．

$$
\begin{aligned}
\frac{P_{1\mathrm{D}}(s, x) \cdot P_{1\mathrm{D}}(N-s, X-x)}{P_{1\mathrm{D}}(N, X)} &\\
&= \frac{\dfrac{1}{\sqrt{2\pi a^2 s}} \exp\left(-\dfrac{x^2}{2a^2 s}\right) \cdot \dfrac{1}{\sqrt{2\pi a^2 (N-s)}} \exp\left(-\dfrac{(X-x)^2}{2a^2 (N-s)}\right)}{\dfrac{1}{\sqrt{2\pi a^2 N}} \exp\left(-\dfrac{X^2}{2a^2 N}\right)} \\
&= \frac{1}{\sqrt{2\pi a^2 \dfrac{s}{N}(N-s)}} \exp\left(-\frac{\left(x - \dfrac{s}{N}X\right)^2}{2a^2 \dfrac{s}{N}(N-s)}\right) \quad (3\text{-}19)
\end{aligned}
$$

これは，平均を sX/N，分散を $s(N-s)/N$ とするような正規分布である．この式の意味するところは，N 歩のうち s 歩進んでいるのであるから，最終的に X まで到達するのであれば，おおよそ全行程の s/N，つまり sX/N まで進んでいるのが妥当であろうということである．すなわち，図 3-8 において，原点と X を結んだ直線が最も達成されやすい場合である．また，分散については，x に至る前後のステップ数である s と $N-s$ の調和平均（有効モノマー数：K）となっていることがわかる．

$$
K = \frac{1}{\dfrac{1}{s} + \dfrac{1}{N-s}} = \frac{s}{N}(N-s) \quad (3\text{-}20)
$$

1-1-2項に示した1次元のランダムウォークにおいては，分散は総ステップ数である N であった．今回の場合は，x に至る前のステップ s により分散が生じることはもちろん，最終的に X まで至るという条件があるために，後の $N-s$ ステップも分散に影響を及ぼし，各々の調和平均になっているのだと考えることができる．この結論は，3次元空間においてもほとんど変わることはなく，3次元における帰結は以下のようになる．

$$\left(\frac{3}{2\pi a^2 K}\right)^{\frac{3}{2}} \exp\left(-\frac{3\left(\mathbf{x}-\frac{s}{N}\mathbf{X}\right)^2}{2a^2 K}\right) \tag{3-21}$$

この帰結で最も重要な点は，分散（$\langle x^2 \rangle$）が $a^2 K$ として求められることにある．すなわち，s 歩目の地点のゆらぎを K を用いて表すことができる．たとえば，N 歩のランダムウォークの中心点（$s=N/2$）のゆらぎは，$\langle x^2 \rangle^{1/2} = aN^{1/2}/2$ となり，おおよそ元のランダムウォークの半分程度であることがわかる．

ここで1段階考え方を飛躍させよう．ゆらぎだけに着目すると，両末端を拘束された理想鎖内のある1点のゆらぎは，K の長さを持つ理想鎖の末端のゆらぎと等しいことになる．すなわち，2点からの拘束を，等価な1点からの拘束に変換することができる（図3-9）．このとき，変換された後の鎖を等価鎖と呼ぶことにしよう．先ほどの例で言えば，両末端が固定された重合度 N の理想鎖の中間点にあるモノマーが受ける拘束は，片末端が固定された重合度 $N/4$ の等価鎖の反対末端のモノマーが受ける拘束に等しい（両者共に $\langle x^2 \rangle^{1/2} = aN^{1/2}/2$）．この考え方を用いると，架橋点のゆらぎを定量的に扱うことが可能になる．

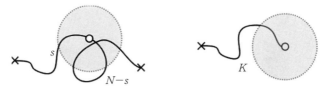

図3-9 端点を拘束された理想鎖のゆらぎ．2点から拘束を受けた効果は，等価な1点からの拘束に変換可能

次に，もう少し網目に近い状況について考えよう．この先，簡単のために特別の注意がない場合は，問題とする理想鎖の重合度を N として議論を進める．ゲルを変形させた場合，我々はゲルの最表層を変形させているわけであり，ゲルの端には少なくともバルクと同等に変形する壁のようなものがあると考えることができる．2本の理想鎖で壁に拘束されている点のゆらぎは，先ほどの考え方を用いれば，1本の $K=N/2$ の等価鎖で拘束されている点のゆらぎに等しいことがわかる（図3-10(a)）．さらにそこから，もう1本理想鎖が伸びていれば，その端点のゆらぎは，$K=N+N/2=3N/2$ の等価鎖の端点の持つゆらぎに等しい（図3-10(b)）．次に，壁に3本の理想鎖で結合されている場合について考えてみよう（図3-10(c)）．この場合は，まず2つの理想鎖を $N/2$ の等価鎖に変換し，その後重合度 N と $N/2$ の鎖をさらに等価鎖に変換することとなり，結果的に $N/3$ の等価鎖に変換できることがわかる．この $N/3$ という結果は，3本の理想鎖の重合度の調和平均から，直接得ることもできる．よって，一般に，$(f-1)$ 本の理想鎖で壁に結合されている場合のゆらぎは，重合度 $N/(f-1)$ の等価鎖のゆらぎと等しい．

次に，壁から十分に離れた架橋点のゆらぎについて考えてみる．問題の性質を調べるために，まずは図3-11に示される高分子構造の端点のゆらぎについて考えてみよう．

図3-11は，4分岐架橋構造を有する高分子ゲルの端点付近を表している．

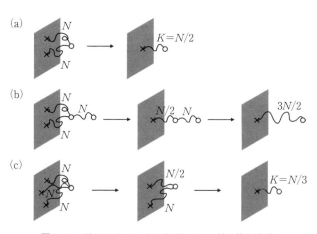

図3-10　壁につながった理想鎖のゆらぎの等価変換

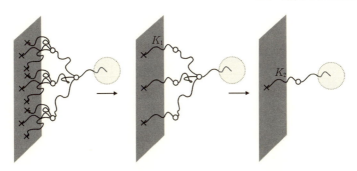

図 3-11 壁につながった部分網目のゆらぎの等価変換

まずは第 1 世代の架橋点と壁をつないでいる 9 本の理想鎖を 3 本の重合度 K_1 の等価鎖に変換する．上記の考え方を用いると，

$$K_1 = \frac{1}{\frac{1}{N}+\frac{1}{N}+\frac{1}{N}} = \frac{N}{3} \tag{3-22}$$

次に第 2 世代の架橋点について見ると，3 本の K_1+N の等価鎖によって壁につながれているために，等価鎖の重合度 K_2 は以下のように書ける．

$$K_2 = \frac{1}{3}\left(\frac{N}{3}+N\right) \tag{3-23}$$

よって，最終的に端点のゆらぎは，K_2+N，つまり以下の重合度を持つ等価鎖の端点のゆらぎに等しい．

$$K_2+N = \frac{1}{3}\left(\frac{N}{3}+N\right)+N = N\left(1+\frac{1}{3}+\left(\frac{1}{3}\right)^2\right) \tag{3-24}$$

ここで，$(1/3)^2$ の項は第 1 世代の架橋点と壁をつないでいる理想鎖の影響であることを確認しておこう．この結果は，若い世代の効果は網目の中心部に近づくにつれ小さくなることを示している．この式の単純な拡張により，壁から遠く離れた点のゆらぎは，以下に示す重合度 K を持つ等価鎖のゆらぎと等価であることがわかる．

$$K = N\left(1 + \frac{1}{3} + \left(\frac{1}{3}\right)^2 + \left(\frac{1}{3}\right)^3 + \cdots\right) \quad (3\text{-}25)$$

f 分岐網目の場合に一般化すると，K は以下のようになる．

$$K = N\left(1 + \frac{1}{f-1} + \left(\frac{1}{f-1}\right)^2 + \left(\frac{1}{f-1}\right)^3 + \cdots\right) \quad (3\text{-}26)$$

無限等比級数であることを考慮して解くと，

$$K = \frac{N}{1 - \dfrac{1}{f-1}} = \frac{f-1}{f-2} N \quad (3\text{-}27)$$

この等比級数はかなり早く収束するために，高分子網目に含まれるおおよそすべての架橋点は K という重合度を持つ等価鎖によって壁に拘束されていると考えてよい．

多くの読者は（筆者自身もそうだったように）ここまで来てもどうやって弾性率を求めるのか，わかりかねているかもしれない．しかしゴールはもうすぐである．最後に，弾性率を求めるために，2 つの f 分岐の架橋点の間に存在する部分鎖について考えよう．問題設定は図 3-12 のようになる．部分鎖の両端に存在する 2 つの架橋点は $(f-1)$ 本の重合度 K の等価鎖によって壁につながっている．式 (3-22) と同様に考えると，$(f-1)$ 本の重合度 K の等価鎖は 1 本の重合度 $K/(f-1)$ の等価鎖に変換できる．よって，最終的には部分鎖自身が壁と壁を結んでいる重合度が $N_p = N + 2K/(f-1)$ の等価鎖となる．つまり，ファントムネットワークモデルにおいては，実在のある部分鎖ではなく，このバーチャルな重合度が N_{ph} の等価鎖を変形させることを考えるのである（まさにファントムである）．

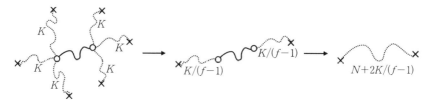

図 3-12　ファントム網目における等価鎖の集合体

$$N_{\mathrm{ph}} = N + \frac{2K}{f-1} = N + \frac{2}{f-1}\frac{f-1}{f-2}N = \frac{f}{f-2}N \quad (3\text{-}28)$$

ここで，式 (1-36) を思い出してほしい．1 本の高分子鎖を変形させるのに必要なエネルギーは N に反比例することが示されている．よって，ファントムネットワークモデルにおいては，ある 1 本の部分鎖を変形させるために必要なエネルギーは，以下のようになると考えられる．

$$\Delta F = \frac{f-2}{f} \cdot \frac{3kTr^2}{2Na^2} \quad (3\text{-}29)$$

後の導出は，アフィンネットワークモデルと同様とすると，最終的に弾性率は以下のようになる．

$$G = \frac{f-2}{f}\nu kT = \left(\nu - \frac{2}{f}\nu\right)kT \quad (3\text{-}30)$$

ここで，アフィンネットワークモデルの弾性率と比較をしておこう．同一の網目構造に対して，アフィンネットワークモデルは常にファントムネットワークモデルよりも高い弾性率を予測する．たとえば 4 分岐架橋点のみからなる網目であれば，アフィンネットワークモデルの予測する弾性率は，ファントムネットワークモデルの予測値の 2 倍である．

アフィンネットワークモデルにおいては，部分鎖あたり kT のエネルギー

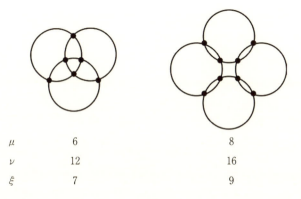

図 3-13　4 分岐網目の架橋点数 (μ)，部分鎖数 (ν)，独立した閉じたサイクル数 (ξ)

76 3 高分子ゲルの定義とゴム弾性

を持っていると考えることができた．ファントムネットワークモデルにおいては，どのような構造が kT のエネルギーをもっているのであろうか．一般的な網目の特徴について理解するために，図 3-13 に示す網目構造について考えてみよう．なぜこのような珍妙な図を用いるかというと，限られたサイズの図形では末端の影響が大きく出すぎてしまうためである．このような，完全に末端がない完全網目を考えることにより，網目に普遍的な性質を抽出することができる．各々の図形に対して，架橋点（μ），部分鎖（ν），独立な閉じたサイクル（ξ）の数を数えてみよう．すると，これらのパラメーターの間に以下の関係式があることが予測される[10]．

$$\nu = 2\mu \tag{3-31}$$

$$\xi = \nu - \mu - 1 \tag{3-32}$$

式（3-31）は図 3-13 の図形が 4 分岐の架橋点のみからなることに由来している．すなわち，架橋点からは 4 本の部分鎖がでているが，そのまま数えると二重にカウントしてしまうために，2 で除した結果として得られている．よって一般に，f 分岐の網目構造において，部分鎖数と架橋点数の間には以下の関係がある．

$$\mu = \frac{2}{f}\nu \tag{3-33}$$

次に式（3-32）であるが，これは破れのない網目に対して一般的に成り立つことが知られている．高分子ゲルのようなきわめて大きな網目においては，ν, μ, ξ ともに 1 よりもはるかに大きな値になるために，式（3-32）は次のように書き換えることができる．

$$\xi = \nu - \mu \tag{3-34}$$

これらの関係式を用いると，式（3-30）は以下のように変形することができる．

$$G = (\nu - \mu)kT = \xi kT \tag{3-35}$$

この式より，ファントムネットワークモデルにおいては，独立な閉じたサイ

クルあたり kT のエネルギーを持っているとイメージすればよいことがわかる．

3-4 部分鎖と架橋点

ここまでで，弾性率を記述するモデルであるアフィンネットワークモデルとファントムネットワークモデルを紹介した．これらのモデルに従うと，ν や μ の値から弾性率を予測することができる．次の問題は，いかにして ν や μ を求めるかである．これまで，部分鎖と架橋点についてあいまいに定義してきたが，特にファントムネットワークモデルでは架橋点の分岐数なども重要なパラメーターになるために，この 2 つについて明確に定義する必要がある．問題の性質を理解するために，図 3-14 に示す小さな 4 分岐網目について考えてみよう．この網目構造は，当初，4 分岐架橋点のみからなる完全網目であり，20 個の 4 分岐架橋点と 49 個の部分鎖を持つ（端の効果のために $\nu=2\mu$ にならない）．この網目において，1 本の部分鎖を切断してみよう（図 3-14（a））．すると，部分鎖が 1 本減り，2 つの 4 分岐架橋点が，3 分岐架橋

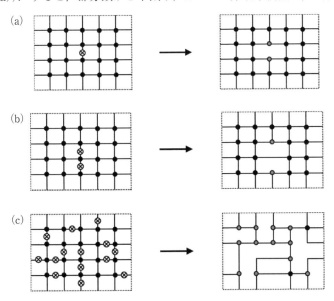

図 3-14 4 分岐網目における部分鎖切断の影響

点になる．この操作によっては，結果として，切った部分鎖が減るだけで，架橋点の数は変化しない．

次に，隣接する別の部分鎖を切断してみよう．すると，先ほどとは打って変わって，複雑な変化が起こる（図 3-14（b））．架橋点について見てみると，4 分岐架橋点が 1 つ 3 分岐架橋点になると同時に，3 分岐架橋点がただの 2 分岐構造に変化する．ここで注意すべきは，2 分岐構造はもはや架橋点ではないという点である．すなわち，架橋点は消滅し，ただの結節点になってしまった．この変化に付随して，元々は 3 分岐架橋点で分断されていた 2 つの部分鎖が，1 つの部分鎖になる．よって，部分鎖 1 本の切断により，正味で 1 つの架橋点と 2 本の部分鎖が失われたことになる．さらにいくつかの部分鎖を切断した結果が図 3-14（c）である．多くの架橋点は 3 分岐になるか，もしくは失われ，部分鎖も大きく減少することがわかる．ここまで切断すると，どの部分鎖を切断したかによって，最終結果が変わってしまうことが容易に想像される．

ここで，元々の問題に立ち返ろう．我々が，ν や μ を算出する上で，材料となりうるパラメーターは何であろうか？　それは，せいぜい，部分鎖となりうる分子の濃度や，最大で何分岐の架橋点になるか，よくて，架橋点間がつながっている確率程度であろう．それらは，いわゆる平均化された情報である．この問題の持つ第 1 の困難な点は，図 3-14 で示したように，部分鎖のつながり方（切断の仕方）によって，同様の平均的パラメーターからでも，異なる ν や μ が予測される点である．つまり，網目に対する直接的なアプローチでは，我々の持ちうる情報から，ν や μ を得ることはきわめて困難である．

もう 1 つの困難さもやはり結合の仕方からくるが，もう少し大きなスケールで網目を見る必要がある．ある 4 分岐の分岐点が 4 分岐架橋点となる条件について考えてみよう．たとえば，この分岐点につながっている 4 本の鎖がそれぞれ別の分岐点につながっていればよいだろうか？　その条件は十分ではない．なぜならば，その分岐点の先はどこにもつながっていないかもしれないからである．そのときは，ゲルを引っぱっても架橋点は追随して移動しない．それでは，どこまでちゃんとつながっていればよいのであろうか？答えは，網目の端である（図 3-15）．この分岐点から伸びている 4 本の鎖の

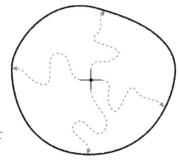

図 3-15　分岐点から伸びている 4 本の鎖のすべてが網目の端までつながっている状態

すべてが網目の端まで途切れることなくつながっていれば，この分岐点は 4 分岐架橋点となる．この問題も，定量的に議論するのが難しい問題であることは，想像に難くないであろう．

この節の最後に，架橋点と部分鎖の定義について，まとめておく．架橋点とは網目の端までのつながりを 3 つ以上持つ分岐点のことであり，部分鎖は，架橋点間をつなぐ鎖のことである．架橋点は，アフィンネットワークモデル，ファントムネットワークモデルのいずれにおいても，巨視的な変形に追随して動く．部分鎖は力学的な変形によりアフィン変形する架橋点間を結ぶ鎖であるために，一般には力学的有効網目もしくは単に有効網目と呼ばれることもある[11]．

3-4-1　パーコレートネットワークモデル（Percolation network, PN）

これまでの議論において，架橋点と部分鎖の濃度を求めることが難しいことは何となく理解いただけただろうか．一方で，先ほどの問題において，ある部分鎖の先の分岐点の先の分岐点の……と考えていくと，端につながりうる分岐点の数が等比級数的に増えていくために，ある部分鎖の先が端につながっている確率はそれなりに高くなりそうである（図 3-11 参照）．実は，網目がある程度理想的である場合は，非常に簡単な近似によって，比較的容易に ν や μ を求めることができる．ここでは，その方法論について紹介する[12]．

ここでは，4 分岐の高分子からできたネットワークについて考えてみよう．4 分岐の高分子の末端には官能基 A がついていて，官能基 A は同種の官能基 A と反応し，網目を作ることとする．ここで，AA 間の反応の反応率を

80　3　高分子ゲルの定義とゴム弾性

$p(0 \leq p \leq 1)$ とし，反応がほぼ完全に進んでいる $p=1$ に近い領域について考える．そして以下を仮定する．

　　$p=1$ においては，4 分岐の架橋点のみからなる完全な格子が形成される

本来は，$p=1$ の場合においても，高分子間のつながり方には多くの自由度があるために，この仮定はかなり理想的であるが，まずは受け入れよう．ここで，高分子の数密度を $c\,(\mathrm{m^{-3}})$ とすると，$p=1$ のとき，ν と μ は以下のように書くことができる．

$$\mu = c \tag{3-36}$$
$$\nu = 2c \tag{3-37}$$

これは，1 つの 4 分岐高分子が 1 つの架橋点と 2 つの部分鎖を形成するためである．次に，少しずつ，部分鎖を切断していくが，この過程は図 3-14 で行ったものと同じである．すなわち，部分鎖を 1 本切断すると，1 本の部分鎖が消滅し，2 個の 4 分岐架橋点が，3 分岐架橋点に変化する．前回と異なるのは，2 本目に切断される部分鎖の場所である．次に切断される部分鎖が，1 本目と隣り合ったものであることは確率的にほとんどない．よって，2 本目の部分鎖を切断したときも，1 本の部分鎖が消滅し，2 個の 4 分岐架橋点が，3 分岐架橋点に変化することとする．この過程はどのくらいまで続くであろうか？　隣接した 2 本の部分鎖が切断されている確率は，おおよそ $(1-p)^2$ で表される．この確率は，たとえば，$p=0.9$ のときは 0.01，$p=0.8$ のときは 0.04 であり，ある程度結合率が高い範囲では，ほとんど考慮する必要がないと考えることができる．この過程が続く範囲においては，ν と μ は，p を用いて以下のように表すことができる．

$$\mu = c \tag{3-38}$$
$$\nu = 2cp \tag{3-39}$$

すなわち，架橋点数は変化しないが，部分鎖数が p に比例して低下することが予想される．ここでアフィンネットワークモデルやファントムネットワークモデルを適用すると，$p=1$ 近傍では弾性率 G はそれぞれ以下のように示される．

$$G_{\text{af}} = 2pckT \quad \text{(アフィンネットワークモデル)} \quad (3\text{-}40)$$

$$G_{\text{ph}} = (2p-1)ckT \quad \text{(ファントムネットワークモデル)} \quad (3\text{-}41)$$

3-4-2 樹状構造近似

　前節では，パーコレートネットワークモデルを用いるとかなり容易に ν や μ を求めることができることを示した．しかしながら，さすがに現実の系とはかけ離れているのではないかという印象を受けたかもしれない．実際に，パーコレートネットワークモデルは，ある程度理想的な網目にしか適用できない．ここでは，もう少し異なったアプローチとして樹状構造近似を紹介する．パーコレートネットワークモデルがトップダウン的だったのに対して，樹状構造近似はボトムアップ的であり，ゲル化点など，多くのパラメーターを予測することができる．

　樹状構造近似では，その名の通り網目構造を樹状構造に近似する[11, 13]．その理由は，樹状構造は網目構造と比較して圧倒的に単純であるからである．先ほどと同様，4分岐の分子から AA 型の反応で網目構造を作るような状況について考えよう．1 回，もしくは 2 回反応が起きた場合に形成される分子種を図 3-16 に列挙した．

　見ての通りかなり複雑であるし，議論を呼びそうな結合様式（ダブルリンクやループ）も散見される．さらに反応を進めていくと途方もない数の可能性が出てくるはずで，このすべての可能性をつくすことは到底不可能である

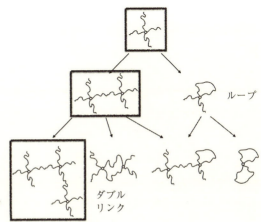

図 3-16　AA 型反応による網目構造の生成
1 回もしくは 2 回反応が起きた場合のすべての可能性を列挙した．

ことがわかる．ここで，単純化のために樹状構造近似を適用するわけであるが，そのまえに，樹状構造とはどのような構造であるか見ておこう．図3-17に実際の樹木を示すが，見ての通り，環構造を含まない分岐構造のみから成る構造である．このような樹状の構造は，架橋反応において一切の分子内反応が起こらないと仮定することにより得られる．よって，樹状構造近似で考慮すべきは，図3-16の四角で囲まれた構造のみとなる．これはこれで，かなり限定的な構造を取り扱っているわけであるが，現段階で高分子網目を解析的な方法で記述できる数少ない方法論の1つなので，まずは我慢しよう．樹状構造近似では，簡単のためのさらなる2つの仮定を含めた3つの仮定を置く．

1. 有限サイズの網目において，一切の分子内反応は起こらないこととする．
2. すべての官能基は，等しい反応性を有する．
3. 近接した官能基の反応如何によって，反応性に変化は生じない．

仮定1は，樹上構造を規定するものであり，このモデルの根幹をなすものである．有限サイズの網目に限定しているのは，ゲル化して無限大サイズの網目になってしまった場合に，分子内かどうかの判別ができなくなるためである．仮定2，3については，反応が進行しても，官能基の反応性が変わらないことを担保するもので，この後の確率論的な取り扱いを行う上で，重要となる．

それでは，上記の仮定の下で，4分岐の分子のAA型反応において，分子

図3-17　実際の樹木

同士がある確率 p（反応率に対応）で結合している状況について考えてみよう．ここで重要なのは，図 3-15 で示したように，ある腕から伸びたパスが無限大のサイズの大きな網目につながっているかどうかである．その要素をうまく抽出するために，ここでは以下の少し複雑な事象 F について考えることになる．

F：ある腕の先が無限大のサイズを持つ大きな網目につながっていない事象

この事象の確率 $P(F)$ を考えることにより，この問題をうまく取り扱うことが可能となる．この確率を求めるために，図 3-18 に示す，ある腕が次の分子につながる素過程について考える．

ある腕が，隣の分子とつながる場合（p）とつながらない場合（$1-p$）があるため，各々の場合について考えていこう．ある腕が隣の分子とつながらなかった場合，この腕は必ず無限大のサイズを持つ大きな網目とはつながらないために，この事象はそのまま F に含まれることとなる．一方で，ある腕が隣の分子とつながった場合は，図に示すように，新たにできた3つの腕について考える必要がある．この場合は，すべての腕に対して，F という事象が起これば，結果的に元々の腕が無限大のサイズを持つ網目とつながることはなくなる．よって，隣の分子とつながったが，結果的に無限大のサイズを持つ網目とはつながらない確率は，$pP(F)^3$ と書ける．以上2つの場合についての和をとることにより，$P(F)$ は以下のように書ける．

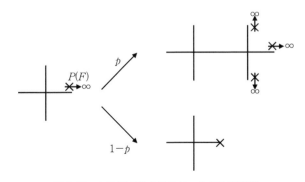

図 3-18　ある腕が次の分子につながる素過程

$$P(F) = p \cdot P(F)^3 + (1-p) \tag{3-42}$$

この式は，$P(F)$ の 3 次関数であり，以下のように変形できる．

$$(P(F)-1)(p \cdot P(F)^2 + p \cdot P(F) + p - 1) = 0 \tag{3-43}$$

この関数は，$P(F)=1$ という解を持つが，この解は有意な解ではないので，右側の括弧の中について考える必要がある．$0 \leq P(F) \leq 1$ であることを考慮すると，$P(F)$ は以下のように書ける．

$$P(F) = \sqrt{\frac{1}{p} - \frac{3}{4}} - \frac{1}{2} \tag{3-44}$$

この式を用いることにより，実測した p から $P(F)$ を求めることが可能となる．$P(F)$ がわかってしまえば，図 3-19 のように考えることにより，元々の 4 分岐分子が f 分岐の架橋点になる確率（$P(X_f)$）を求めることができる．

$$P(X_3) = {}_4C_3 P(F)(1-P(F))^3 \tag{3-45}$$
$$P(X_4) = {}_4C_3 (1-P(F))^4 \tag{3-46}$$

さらには，ある分子が形成する架橋点数の期待値（μ_0），有効網目数の期待値（ν_0）を以下のように書くことができる．

$$\mu_0 = P(X_3) + P(X_4) \tag{3-47}$$
$$\nu_0 = \frac{3}{2} P(X_3) + \frac{4}{2} P(X_4) \tag{3-48}$$

架橋点を数えるとき，3 分岐と 4 分岐の区別をしないことと，有効網目は架

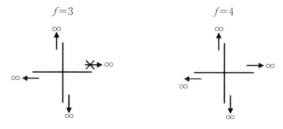

図 3-19　4 分岐分子が f 分岐の架橋点になる確率（$P(X_f)$）

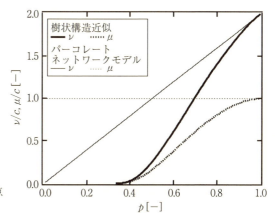

図 3-20 有効網目密度, 架橋点密度の結合率依存性

橋点間に形成されるため,重複を除くために 2 で除していることに注意しよう.この期待値と 4 分岐分子の数密度 (c) の積を取れば,架橋点密度,有効網目密度を算出することができるし,さらにアフィンネットワークモデルやファントムネットワークモデルを適用すれば弾性率を算出することも可能となる.

もう少し,細かい議論に立ち入る前に,パーコレートネットワークモデルと樹状構造近似から得られる有効網目密度と架橋点密度の予測を比較しておこう.図 3-20 に示すように,$p \approx 1$ の領域では,ほぼ同じ結果を得ることができる.この結果は,高い結合率を示す領域においては,樹状構造と網目構造は同一視できるということの証左であるとともに,理想的な網目が持つべき構造パラメーターを予想することが可能であることを示している.

3-5 トポロジー相互作用（広義のからみ合い）

ここまでに紹介したモデルでは,基本的には部分鎖を弾性エネルギーの構成要素とし,網目の弾性をそれらの和として記述してきた.しかし,それらのモデルは網目の安定性についての重大な問題を内包している.それは,第 1 章でも述べた,無限収縮の問題である.すなわち,部分鎖の最安定な末端間距離は 0 であるために,有限サイズの網目は不安定であり,体積＝0 のときに自由エネルギーが最安定となる.結果として,勝手にゲルが収縮してし

まう問題である．

　さらに，ゲル化反応を考える際には特有の問題が生じる．溶液中で架橋反応が少し起こると，局所的な架橋度の粗密が形成される．ゴム弾性理論に素直に従うと，架橋点の密なところでは架橋点間に働くエントロピー弾性が強いので収縮し，さらに架橋密度が増大する．一方で，疎なところはどこまでも疎になってしまうことが予測される（図 3-21）．もちろん，実際にはこのようなことは起こらず，ある程度ゲル化反応を制御してやればそれなりに均一な網目が形成される．

　このゴム弾性の本質に関わる問題を解決する考え方として，岩田らは高分子のトポロジー的性質に着目して網目の弾性を記述するモデルを提唱した[16, 17, 18]．モデルの詳細については複雑であるので原著に譲り，ここでは概念だけを紹介する．

　実は，ここまでに紹介した弾性理論では，網目鎖は排除体積を持たず互いにすり抜けるという仮定が暗におかれている（このような鎖をファントム鎖と呼ぶが，ファントムネットワークモデルとは関係がないことに注意）．それは，$\phi=1$ のような，明らかに網目鎖同士がからみ合っている状況に対しても，からみ合いが力学特性に及ぼす影響について一切考慮しなかったことから，明らかである．しかし，実際の網目鎖は明確な排除体積を持ち，すり抜けは起こらないし，からみ合いは力学特性に大きな影響を及ぼす．

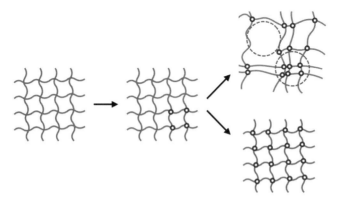

図 3-21　架橋反応中の概念図
〇は架橋点を示す．

3-5 トポロジー相互作用（広義のからみ合い） 87

　ここで簡単なモデルとして，2本の排除体積を持つ鎖について考えてみよう．これらの鎖がからみ合っているとき，両者を引き離そうとすると，互いに鎖はすり抜けることができないため，それを阻害する力（引力）が働く．一方で，からみ合っていない2本の高分子を近づけると，互いはすり抜けることができないため，それを阻害する力（斥力）が働く（図3-22）．これらの力の起源は鎖のセグメントの衝突（排除体積効果）であるが，状況によって引力にも斥力にもなる．このように，初期の幾何学的な位置相関を維持しようとする力が作用すると考えられるために，この効果は「トポロジー（幾何学的）相互作用」と呼ばれる．この考え方を用いると，高分子鎖同士の「からみ合い」は，トポロジカルな鎖の運動の阻害効果であると言い換えることができる．もちろん，排除体積がない場合には，からみ合いという概念も存在しないわけであるが，両者はこのトポロジー相互作用という考え方の下では近しいものであると言える．

　ここで，ゲルの網目を改めて見てみると，環構造が連なったものとみなすことも可能である（図3-23）．先ほどの考え方を適用すると，この環同士の初期トポロジーを維持しようとするため，引っ張りや圧縮変形が印加されると環同士の間に引力・斥力が作用することとなる．また，無限収縮の問題についても，環構造間の斥力相互作用によって形状を維持しようとしていることで説明がつく．また，架橋反応中に一時的に環状構造の偏りが生じても，

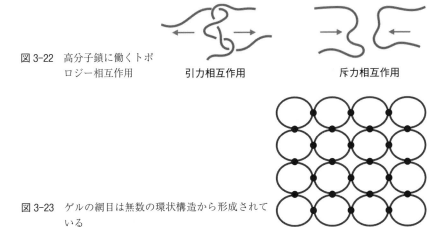

図 3-22　高分子鎖に働くトポロジー相互作用

引力相互作用　　　　斥力相互作用

図 3-23　ゲルの網目は無数の環状構造から形成されている

88 3 高分子ゲルの定義とゴム弾性

トポロジー的な引力・斥力が作用し，これらがミクロにもマクロにもつり合うために，架橋密度の不均一分布を生じないという結果も納得がいく．このように環構造を網目の構成単位として考えることにより，部分鎖を構成単位としたときに生じる問題点の多くが解決される．近年ではこの手法を大変形領域にまで拡張し，ゴムの非線形挙動をよく説明できるという報告もある[19, 20]．

3-6 ゾル–ゲル転移

　本章では，高分子ゲルの定義と高分子ゲルの持つゴム弾性について概観した．ここではゾルからゲルに転移する点である，ゾル–ゲル転移の取り扱いについて簡単に紹介する．3-1-1項でも紹介したように，高分子ゲルは高分子溶液に架橋を施し，3次元の網目構造を形成することにより，形成される．この液体から固体への転移をゾル–ゲル転移，もしくは単純にゲル化と呼ぶ．
　ゲル化を議論するうえでの重要な点は2つある．1つは，ゲルができる臨界点であり，ゲルができる下限濃度や，下限結合率がこれにあたる．もう1つは，ゲル化という臨界点に向けて物性値がどのように変化していくかであり，ゲル化点に向けた粘度の増加や，ゲル化後の弾性率の増加についての議論がこれにあたる．ゲル化のモデルはこれらの臨界点や，臨界点にいたる過程を予測するものである．モデルは大別して3つがあり，①樹状構造理論を用いた解析的な方法，②格子におけるパーコレーションを取り扱う方法，③分子動力学を用いたシミュレーションを用いる方法である．本節では，比較的取り扱いの簡単な樹状構造理論とパーコレーションモデルにおけるゲル化点の予測について簡単に説明する．

3-6-1 樹状構造理論によるゲル化点の予測
　樹状構造理論については3-3-2項である程度詳しく取り扱っているので，詳しくは該当箇所を参照してもらいたいが，基本的な考え方は，網目内に分子内結合を含まない樹状構造について考える理論である．樹状構造理論を用いると，前述したいくつかのパラメーターに加えて，ゲル化に必要な結合率（p_c）を予測することも可能である．やはり，4分岐の網目について考えてみ

よう．ゲルができることは系中に「無限大のサイズを持つ網目が存在する」ことと等価である．そのような系においては，少なくともある分岐点から伸びたある腕は，無限大のサイズを持つ網目と結合しているはずである．すなわち，$0 \leq P(F) \leq 1$ の範囲において，式 (3-43) が解を持つはずである．式 (3-43) の左辺を $g(P(F))$ とおくと，その条件は，以下のように書き表される．

$$g(0)g(1) = (p-1)(3p-1) \leq 0$$
$$p \geq \frac{1}{3} \tag{3-49}$$

よって，$p \geq 1/3$ のときに，ゲルは形成されることが予想される．すなわち，$p_c = 1/3$ となる．一般に，A-A 型の反応により形成される f 分岐の網目についても同等の議論を行うことができ，$P(F)$ と p の関係式は以下のように書ける．

$$(P(F)-1)\left(p \cdot \sum_{n=2}^{f} P(F)^{n-2} - 1\right) = 0 \tag{3-50}$$

ここからゲル化の条件を求めると，f 分岐網目の p_c は以下のように予想される．

$$p_c = \frac{1}{f-1} \tag{3-51}$$

このように，樹状構造近似は汎用性が高く，さらに A-B 型の反応や，分岐数の異なる分子同士の反応，ラジカル重合，リビング重合などにも適用が可能であることが知られている．

3-6-2 パーコレーションモデルによるゲル化点の予測

次に，パーコレーションモデル（percolation model）の予測についてみてみよう．パーコレーションとは，「浸透」や「浸み出し」といった意味を持つ．パーコレーションモデルでは，ある格子空間において格子点にランダムに印を付けていった際に，つながった格子点の集まり（クラスター）がどのように系を浸透していくかを予測するモデルである．クラスターの成長は，高分

子網目の成長と対応させて考えることができるし，油田の構造，森林火災の燃え広がりにも適用が可能である．パーコレーションモデルにおけるゲル化は，系のすべての軸方向を貫通するクラスターが存在することと定義され，あるクラスターが，系のすべての軸について貫通することを，系をパーコレート（percolate）するという（図3-31 右）．

パーコレーションの仕方は，大きく2つに分けることができる．1つは，空の格子空間をランダムに埋めていくサイトパーコレーションである．ここで，サイトが埋まっている確率を p_{site}，近接した埋まっているサイト間がつながっている確率を p_{bond} とすると，サイトパーコレーションモデルは，p_{site} が変数で，$p_{bond}=1$ である．すなわち，隣り合ったサイトが埋められた場合は確実に結合が生じる．サイトパーコレーションモデルは，たとえば，ゾル-ゲル法にてシリカ微粒子からガラスを作製するプロセスなどに適用が可能である．

もう一方のモデルであるボンドパーコレーションモデルでは，逆に $p_{site}=1$ であり，p_{bond} が変数となる．すなわち，すべての格子点が先に埋まっていて，格子間をランダムにつないでいくプロセスについて考える．ボンドパーコレーションモデルは，重なり合い濃度よりも大きな濃度をもつような

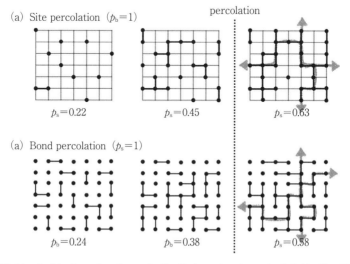

図3-24 サイトパーコレーションとボンドパーコレーションによるゲル化の予測

高分子溶液から，ゲルを作製するプロセスに近いイメージを持てばよいだろう．ある格子空間において両者を比較すると，一般に，サイトパーコレーションの方がボンドパーコレーションよりも系をパーコレートすることが難しく，少しだけ大きなしきい値を持つ．また，p_{site} と p_{bond} がいずれも変数であるサイト・ボンドパーコレーションモデルというモデルも存在する．

最後に，実験との比較を行っておこう．高分子ゲルとして一般的な4分岐網目構造に対しては，前述の樹状構造理論（$p_{\mathrm{c}} \approx 0.33$）も，パーコレーションモデル（ダイヤモンド格子，$p_{\mathrm{c}} \approx 0.39$）も，おおよそ近い p_{c} を予測する．これらの予測は，4分岐プレポリマーの AB 型反応により作製されるゲルの実験結果と比較が行われており[21]，プレポリマーの重なり合い濃度（c^*）以上の濃度領域ではある程度正しそうであることが確かめられている．このように，c^* 以上の濃度域では p^* は常に一定であると考えることができる一方で，c^* 以下の濃度域では p^* は徐々に大きくなり，実験的には $c^*/6$ 程度の濃度でゲルが形成しなくなることも確かめられている．このように，プレポリマーの c^* は，ゲル化過程に大きな影響を及ぼす重要な因子であることを覚えておこう．

実験とのある程度の一致を見るに，少なくともここで紹介したモデルの予測はある程度の指標として用いるに十分な精度を持っていると考えられる．ここで注意すべき点は，モデルはあくまで理想的に結合していく過程を取り扱っている点である．よって，原則としてモデルの予測した p_{c} よりも低い結合率でゲルが形成されることはありえない．実験的に得られた臨界結合率の p_{c} からの乖離は，実験系のモデルからの乖離に由来すると考えられる．

3-7　高分子ゲルの持つ不均一性

本章の最後に，高分子ゲルの持つ不均一性について紹介する．この節で強調したいことは，3次元網目は本質的に不均一であるということである．問題の本質を捉えるために，図3-25に示す8本の側鎖を持つ高分子を環化することにより，4つの分岐点を含む網目の単位構造を合成することを想像してみよう．

両末端のみに，相互に結合可能な官能基が存在していれば，できないこと

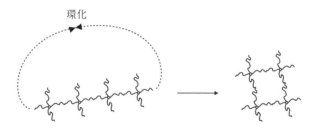

図 3-25　4つの分岐点を含む網目の単位構造の合成

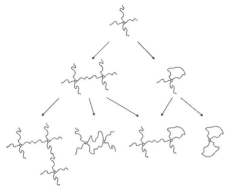

図 3-26　4分岐高分子の末端間結合により形成される構造群

もないのかもしれないが，この高分子が系に多数存在したり，ましてや側鎖末端にも結合可能な官能基が存在するときには，図 3-25 右に示す網目の単位構造のみを作ることは不可能であることは想像に難くないであろう．一般に，すべての末端に連結可能な官能基を有する 4 分岐高分子から網目を作る反応においては，図 3-26 に示すようなさまざまな単位構造が形成される．すなわち，絵に描いたような理想的な高分子網目構造を作製することは現実的に不可能である．よって，高分子網目は必ず不均一性を持つといえる．

　次に，もう少し現実的な手法として，ビニルモノマーとジビニル架橋剤のラジカル共重合反応により，高分子ゲルを作製する場合について見てみよう（図 3-27）．この反応では，主にビニルモノマーが重合していくが，ときどきランダムにジビニル架橋剤が導入されていく．そして，ジビニル架橋剤の 2 つのビニル基が共に反応すると，その点が架橋点になり，架橋点間のモノマー単位の連鎖が部分鎖となるというスキームである．ここから直ちにわかる

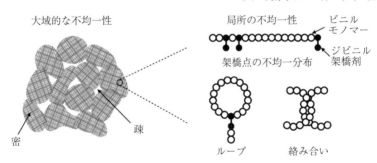

図 3-27 高分子ゲルの持つ不均一性

ことは，架橋点間分子量はランダムな値となることである．また，ループ構造やからみ合いを形成する可能性もある．これらの不均一性は，モノマー単位のサイズ領域に存在するので，局所的な不均一性ということができる．

ラジカル共重合によるゲル化反応においては，反応初期にまず分岐状の高分子が形成される．さらなる反応の進行により，分岐高分子はナノゲル状の構造に成長し，最終的にはそれらが結合されることにより3次元の網目構造が形成される．よって，元々ナノゲルであった部分と，それらが結合された部分で，網目の粗密構造が形成される．この粗密の不均一性は，数十nmから数百nmとかなり大きなサイズ領域に存在するために，大域的な不均一性ということができる．大域的な不均一性は，光散乱や小角中性子散乱などにおいて過剰散乱として観察される．一方で，局所的な不均一性は直視できないために，モデルから予測される物性値と実測値の違いとしてしか観察できないのが一般的であり，定量的な解析は困難である．近年では，局所的な不均一性を定量的に取り扱うことができる方法論が開発され，不均一性の構造が少しずつ明らかにされつつある[23, 24]．

―――― コラム 3　弾性変形と塑性変形 ――――

　サンプルをあるひずみまで引っ張った後に応力を除荷していき，行きと帰りの両方の応力とひずみの関係を取得するサイクル試験がある．サイクル試験において，図に示すように行きと帰りの曲線が一致しない現象を「ヒステリシス」と呼ぶ．ヒステリシスの起源はエネルギーの散逸である．一般的な弾性体はひずみを印加されるとエネルギーを貯蔵する．貯蔵したエネルギーはひずみを除

くとそのまま解放されるため,行きと帰りの曲線は一致する.これを弾性と呼ぶ.ある瞬間に弾性体を変形させるための力はその時刻の「変形量だけ」で決まる.そのため弾性体においてはエネルギー散逸は起こらない.弾性体として,高校の物理で習ったバネをイメージすれば,間違いないであろう.

ある物質にヒステリシスが見られた場合,そのエネルギー散逸の起源は2つある.1つは(非線形の)粘弾性,もう1つは塑性変形を含むひずみの非線形応答である.粘弾性の説明をする前に,粘性について説明をしよう.粘性を示す物質(粘性体)とは,水に代表されるような液体全般である.粘性体を変形させるための力は,何で決まるであろうか? プールで泳いでいるときのことをイメージすれば,答えは明らかで,水をかくスピードである.すなわち,ある瞬間に粘性体を変形させるための力はその時刻の「変形速度」だけで決まり,初期状態からどの程度変形したかということには関係がない.そして,一定の変形を加えた後で,長時間待っていれば力がゼロ,つまりすべてのエネルギーが散逸される.

本書の対象とする高分子ゲルや高分子液体・溶融体は,弾性と粘性を両方持つ粘弾性体であることが多い.すなわち,短時間のスパンで見るとエネルギーを貯蔵するが(弾性体的),時間の経過とともに変形に必要な力が減少していく(粘性体的).粘弾性体を延伸すると,短時間(行き)では弾性体のように力を発揮するが,長時間(帰り)では行きに蓄えられたエネルギーの一部が散逸されてしまい,行きよりも低い応力を示す.このヒステリシスの度合いは引っ張る速度とエネルギーの散逸に必要な時間(緩和時間)の関係に応じて,変化する.

もう1つの原因であるひずみの非線形応答は,塑性変形に代表される.塑性変形とは,ある臨界応力(σ_c)までは弾性体として振る舞うが,臨界応力を超えると完全に回復しないひずみ(永久ひずみ)が生じる性質をいう.塑性体において,エネルギー散逸は「変形量」によって決まり,不可逆な構造変化(構造の破壊など)を伴うことが多い.本書において紹介する理論の多くは,弾性体

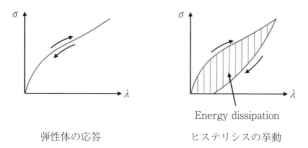

弾性体の応答 ヒステリシスの挙動

を緩和時間よりも十分長い時間の後の平衡状態において取り扱っている．実験を計画・実行・解析する際には，このあたりを勘案して進める必要がある．

参考文献

[1] ゲルハンドブック．エヌ・ティー・エス：2003.

[2] Winter, H. H.; Chambon, F.; Analysis of Linear Viscoelasticity of a Crosslinking Polymer at the Gel Point *Journal of Rheology* **1986**, 30, 367-382.

[3] Shibayama, M.; Takahashi, H.; Nomura, S.; Small-Angle Neutron-Scattering Study on End-Linked Poly (Tetrahydrofuran) Networks *Macromolecules* **1995**, 28, 6860-6864.

[4] Bastide, J.; Leibler, L.; Large-Scale Heterogeneities in Randomly Cross-Linked Networks *Macromolecules* **1988**, 21, 2647-2649.

[5] Shibayama, M.; Spatial inhomogeneity and dynamic fluctuations of polymer gels *Macromol Chem Physic* **1998**, 199, 1-30.

[6] Nishi, K.; Asai, H.; Fujii, K.; Han, Y. S.; Kim, T. H.; Sakai, T.; Shibayama, M.; Small-Angle Neutron Scattering Study on Defect-Controlled Polymer Networks *Macromolecules* **2014**, 47, 1801-1809.

[7] Kuhn, W.; Dependence of the Average Transversal on the Longitudinal Dimensions of Statistical Coils Formed by Chain Molecules *Journal of Polymer Science* **1946**, 1, 380-388.

[8] James, H. M.; Guth, E.; Simple presentation of network theory of rubber, with a discussion of other theories *Journal of Polymer Science* **1949**, 4, 153-182.

[9] Rubinstein, M.; Colby, R. H.; *Polymer Physics.* Oxford University Press: Oxford, 2003.

[10] Tanaka, F.; Ishida, M.; Elastically effective chains in transient gels with multiple junctions *Macromolecules* **1996**, 29, 7571-7580.

[11] Flory, P. J.; *Principles of Polymer Chemistry.* Cornell University Press: ITHACA and LONDON, 1953.

[12] Nishi, K.; Noguchi, H.; Sakai, T.; Shibayama, M.; Rubber elasticity for percolation network consisting of Gaussian chains *J Chem Phys* **2015**, 143.

[13] Miller, D. R.; Macosko, C. W.; New Derivation of Post Gel Properties of Network Polymers *Macromolecules* **1976**, 9, 206-211.

[14] Feng, S.; Thorpe, M. F.; Garboczi, E.; Effective-Medium Theory of Percolation on Central-Force Elastic Networks *Phys Rev B* **1985**, 31, 276-280.

[15] Sahimi, M.; Hughes, D. B.; Scriven, E. L.; Ted Davis, H.; Real-space renormalization and effective-medium approximation to the percolation conduction problem *Phys Rev B* **1985**, 28, 5.

[16] Iwata, K.; Edwards, S. F.; New model of polymer entanglement: Localized Gauss integral model. Plateau modulus GN, topological second virial coefficient A θ 2 and physical foundation of the tube model *The Journal of Chemical Physics* **1989**, 90, 4567-4581.

96　3　高分子ゲルの定義とゴム弾性

[17] Iwata, K.; Kimura, T.; Topological distribution functions and the second virial coefficients of ring polymers *The Journal of Chemical Physics* **1981**, 74, 2039–2048.

[18] Iwata, K.; Ohtsuki, T.; On catenate network formation by end-linking reactions *Journal of Polymer Science Part B: Polymer Physics* **1993**, 31, 441–446.

[19] Hirayama, N.; Tsurusaki, K.; Topological Interaction between Loop Structures in Polymer Networks and the Nonlinear Rubber Elasticity *Nihon Reoroji Gakkaishi* **2011**, 39, 65–73.

[20] Hirayama, N.; Tsurusaki, K.; Deguchi, T.; Linking probabilities of off-lattice self-avoiding polygons and the effects of excluded volume *J Phys a-Math Theor* **2009**, 42.

[21] Sakai, T.; Katashima, T.; Matsushita, T.; Chung, U.; Sol-gel transition behavior near critical concentration and connectivity *Polymer Journal* **2016**, 48, 629–634.

[22] Lange, F.; Schwenke, K.; Kurakazu, M.; Akagi, Y.; Chung, U.; Lane, M.; Sommer, J.; Sakai, T.; Saalwachter, K.; Connectivity and Structural Defects in Model Hydrogels: A Combined Proton NMR and Monte Carlo Simulation Study *Macromolecules* **2011**, 44, 9666–9674.

[23] Kawamoto, K.; Zhong, M.; Wang, R.; Olsen, B. D.; Johnson J.; Loops versus branch functionality in model click hydrogels *Macromolecules* **2015**, 48, 8980–8988.

4 膨潤と収縮

　高分子ゲルは，多くの溶媒を含んだ系であり，作製した状態からさらに溶媒を吸収させたり，溶媒を除いたりすることが可能である．それに伴い，もちろん高分子ゲルの体積は変化する．たとえば，紙おむつには高吸水性の高分子ゲルが用いられているが，最大で乾燥重量の 100 倍から 1000 倍の水を吸収して膨潤することができる．この事実からわかることの 1 つは，非常に多くの溶媒を保持することが可能であるということであり，もう 1 つは，膨潤にも限界があるということである．生体内のように周囲に水が存在する環境にハイドロゲルを留置した場合，ある程度の膨潤もしくは収縮が起き，自動的にある体積になってしまう．そのために，どの程度膨潤するのかや，体積変化によって物性がどのように変化するかを知っておくことは，実用的にもきわめて重要である．本章では，膨潤による力学特性の変化や，平衡膨潤状態に至る条件，平衡膨潤状態に向かう過程など，膨潤に関わることについて学ぶ．

4-1　膨潤・収縮による弾性率の変化

　さて，ここに作製時において弾性率 G を持つ高分子ゲルがあるとしよう．このゲルを体積にして 2 倍膨潤させたときに，弾性率はいくつになるであろうか？　膨潤の過程で，網目の切断や新たな結合が生じなかったとすれば，濃度が半分になっているのだから，第 3 章で学んだことから，素朴に弾性率は半分になると予想される．しかしながら，実験的には弾性率が半分になることはなく，せいぜい 2〜3 割弾性率が落ちる程度である．何が問題であったかというと，それは，ゲルが作られてからここに至るまでの過程を考慮しなかった点である．冒頭のゲルは，弾性率 G を持つ初期状態から，体積にして 2 倍だけ等方変形した後の網目であるのに対して，式（3-15）で取り扱う

ことができるのは，元々半分の濃度で作られた網目である．すなわち，濃度が一緒だとしても，作られた条件やその後の過程に違いがある場合，異なる弾性率を持つことになる．ここで覚えておいて欲しいことは，高分子ゲルの物性は，作製された状態と興味ある状態の2状態の影響を受けるということである．以下に，統計力学とスケーリングを用いた，膨潤・収縮に伴う弾性率変化の予測について紹介するが，いずれも考え方の根本はここにある．

4-1-1 理想鎖からなる網目に対する統計力学的アプローチ

ファントムネットワークモデルの下では，系全体の弾性エネルギーは以下のように書ける．

$$\Delta F = \frac{\xi_0 V_0 kT}{2}(\lambda_x{}^2 + \lambda_y{}^2 + \lambda_z{}^2 - 3) \tag{4-1}$$

ここで，ξ_0 は調整時のサイクルランクの数密度，V_0 はゲルの調整時の体積である．ξ_0 を ν_0 とすればアフィンネットワークモデルの予測（式 (3-9)）と同等の式となる．ここでの問題設定は，図 4-1 のようである．辺の長さが L_0 $(= V_0{}^{1/3})$ である立方体のゲルを，溶媒中で体積にして Q 倍膨潤（もしくは収縮）させ，その後，一軸延伸させる過程について考える．

体積変化させた後のサンプルの延伸軸方向の延伸倍率を $\alpha_x = \alpha$ とすると，初期状態からの x 方向へのトータルの延伸倍率 λ_x は以下のように書ける．

$$\lambda_x = \alpha Q^{\frac{1}{3}} \tag{4-2}$$

体積変化後の延伸過程においては，非圧縮性物質として振る舞うことを考慮すると（$\alpha_x \alpha_y \alpha_z = 1$），$\lambda_y$ と λ_z は以下のように書ける．

$$\lambda_y = \lambda_z = \alpha^{-\frac{1}{2}} Q^{\frac{1}{3}} \tag{4-3}$$

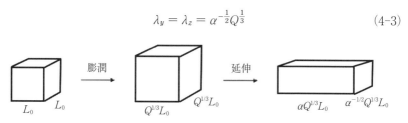

図 4-1 立方体状のゲルの膨潤（収縮）と一軸延伸の過程

式（4-1）にこれらの関係式を代入すると，以下の式を得る.

$$\Delta F = \frac{\xi_0 V_0 kT}{2}\{Q^{\frac{2}{3}}(\alpha^2 + 2\alpha^{-1}) - 3\} \tag{4-4}$$

延伸後の x 軸方向の長さ L_x で ΔF を微分することにより，延伸方向にかかる力 f を得ることができる.

$$f = \frac{\partial \Delta F}{\partial L_x} = \frac{\partial\left[\dfrac{\xi_0 V_0 kT}{2}\{Q^{\frac{2}{3}}(\alpha^2 + 2\alpha^{-1}) - 3\}\right]}{\partial L_x}$$

$$= \frac{\xi_0 V_0 kT}{2}\frac{\partial Q^{\frac{2}{3}}(\alpha^2 + 2\alpha^{-1})}{\partial(\alpha L_0 Q^{\frac{1}{3}})} = \frac{\xi_0 V_0 kT Q^{\frac{1}{3}}}{L_0}(\alpha - \alpha^{-2}) \tag{4-5}$$

延伸過程の段階では，膨潤度 Q はすでに定まっている値なので，ここでは定数として扱った．さらに，膨潤後の断面積が $L_0^2 Q^{2/3}$ であることを考慮すると，サンプルにかかる応力 (σ) は以下のように書ける.

$$\sigma = \frac{f}{L_0^2 Q^{\frac{2}{3}}} = \xi_0 kT Q^{-\frac{1}{3}}(\alpha - \alpha^{-2}) \tag{4-6}$$

よって，体積変化後のゲルの弾性率 (G) は以下のように書ける.

$$G = \xi_0 kT Q^{-\frac{1}{3}} = G_0 Q^{-\frac{1}{3}} \tag{4-7}$$

ここで，G_0 は体積変化前の弾性率であり，体積変化後の弾性率は，Q ではなく $Q^{-1/3}$ に比例して変化することが示される．式（4-7）に従えば，体積にして 2 倍膨潤しても，弾性率は半分ではなく，せいぜい $2^{-1/3}$ (≈ 0.8) 倍程度しか変化しないことになる.

　もう少しこの式について考えてみよう．体積が 2 倍になっているのだから，サイクルランク ξ は確かに半分になっているはずである．変形後のサイクルランクが ξ_0/Q であることを考慮すると，式（4-7）は以下のように変形することができる.

$$G = \frac{\xi_0}{Q}(kT Q^{\frac{2}{3}}) \tag{4-8}$$

kT が弾性要素あたりの弾性率への寄与であったことを考慮すると，この式より Q 倍の体積変化の後は，弾性要素あたりの寄与が $Q^{2/3}$ 倍になっていると考えることができる．ここで，図 4-1 をもう一度見直してみよう．よくよく見てみると Q 倍の体積変形により，部分鎖は一軸方向に $Q^{1/3}$ 倍だけ引き伸ばされている．部分鎖が理想鎖であることを考慮すると，$Q^{1/3}$ 倍の延伸により部分鎖の持つエネルギーは $Q^{2/3}$ 倍となるはずである．すなわち，部分鎖の濃度が Q^{-1} 倍になるのと同時に，部分鎖 1 本あたりの寄与が $Q^{2/3}$ 倍となっているために，弾性率は $Q^{1/3}$ 倍になったと考えることができる．逆に言うと，このようにスケーリング的に考えることによっても，式 (4-7) を予測することができるということになる．調整時 (ϕ_0) と弾性率を測定する際 (ϕ_m) の高分子体積分率を用い，$\xi_0 \sim \phi_0$, $Q \sim \phi_0/\phi_m$ であることを考慮すると，式 (4-7) は以下のように書くこともできる．

$$ G \sim \xi_0 Q^{-\frac{1}{3}} \sim \frac{\phi_0}{N}\left(\frac{\phi_0}{\phi_m}\right)^{-\frac{1}{3}} \sim N^{-1}\phi_0^{\frac{2}{3}}\phi_m^{\frac{1}{3}} \tag{4-9} $$

式 (4-7)，(4-9) はさまざまな系において適用可能であることが実験的に確かめられている．しかしながら，ϕ_m のベキについては，1/3 乗よりも大きく 0.5 乗に近いベキ乗則が観察される場合もある．次節では，1/3 乗よりも小さなベキ乗則を説明可能な，スケーリング的なアプローチを紹介する．

4-1-2 一般の網目に対するスケーリング論的アプローチ

Panyukov らは，膨潤や収縮により体積変化した場合の弾性エネルギーについて，以下のようなスケーリング則を予測した（Panyukov モデル）[1]．

$$ \frac{F_{el}}{kT} \sim \frac{G}{kT} \sim \frac{\phi_m}{N}\left(\frac{\lambda R_0}{R_{ref}}\right)^2 \tag{4-10} $$

ここで，λ は体積変化に起因する一軸方向の変形率，R_0 はゲル作製時の部分鎖の平均 2 乗末端間距離，R_{ref} は部分鎖の持つ自然な長さである．ϕ_m/N ($\sim \xi_0/Q$) は，体積変化後の部分鎖の数密度に比例することに注意すると，式 (4-10) は式 (4-8) とほとんど同じ形を持つ式であることがわかる．唯一の違いは，分母にある R_{ref} の取り扱いである．前節の取り扱いでは，自然長

(R_{ref}) として暗に初期状態における末端間距離 R_0 を適用している．よって，式（4-10）に $R_{\text{ref}} = R_0$ を代入すると，式（4-9）と同等の式が導出される．

$$\frac{F_{\text{el}}}{kT} \sim \frac{G}{kT} \sim \frac{\phi_{\text{m}}}{N}\left(\frac{\lambda R_0}{R_0}\right)^2 \sim \frac{\phi_{\text{m}}}{N}\left(\frac{\phi_0}{\phi_{\text{m}}}\right)^{\frac{2}{3}} \sim N^{-1} \phi_0^{\frac{2}{3}} \phi_{\text{m}}^{\frac{1}{3}} \quad (4\text{-}11)$$

ここで，$\lambda \sim (\phi_0/\phi_{\text{m}})^{1/3}$ であることに注意しよう．$R_{\text{ref}} = R_0$ とすれば，鎖の性質とは無関係に式（4-11）が導かれることとなるが，前述のように，説明ができない実験結果がでてきてしまう．

Obukhov や Colby らは，それらの実験結果を説明するべく，R_{ref} として，高分子体積分率が ϕ_{m} の高分子溶液における，部分鎖と同一の重合度 N を有する高分子鎖の自然な平均2乗末端間距離を用いることを提案した（図4-2）[2]．すなわち，第2章で紹介した，高分子鎖の議論をそのまま R_{ref} に適用した．このようにすると，作製時や実験時の高分子濃度によって，式（4-10）は異なるスケーリング関係を予測する．具体的には，作製時と体積変形後がそれぞれ（i）希薄領域，（ii）準希薄領域，（iii）濃厚領域のいずれであったかにより，9通りの結果が得られる．一見して，複雑なスケーリングが多く出

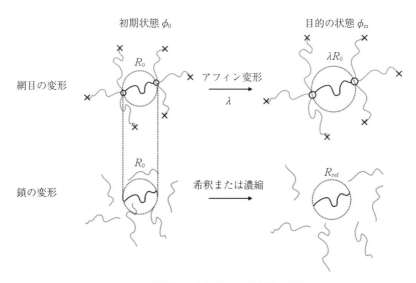

図 4-2　膨潤による網目と高分子鎖の変形

102 4 膨潤と収縮

てくるために，難しく見えるかもしれないが，考え方としては非常にシンプルである．まずは基本的な考え方について見ていこう．

作製時においては，溶液中に自由に存在していた高分子が周囲の高分子と結合して網目になる．その際には，溶液中に存在していたときの末端間距離を保持したままであると考える（図4-2左）．一般に，高分子の末端間距離 R は濃度領域によって以下のように変化するため（2-2節参照），R_0 は素直にこれらの関係式に従うと考えよう．

$$R = aN^{\nu} \qquad （希薄領域：\phi < \phi^*） \qquad (4\text{-}12)$$

$$R = aN^{\nu}\left(\frac{\phi}{\phi^*}\right)^{\frac{2\nu-1}{2(1-3\nu)}} \qquad （準希薄領域：\phi^* < \phi < \phi^{**}） \qquad (4\text{-}13)$$

$$R = aN^{\frac{1}{2}} \qquad （濃厚領域：\phi^{**} < \phi） \qquad (4\text{-}14)$$

次に，膨潤・収縮の際には，網目に組み込まれた部分鎖は，体積変化（Q）に伴って，アフィン変形するとする．変形により，等方的に各々の軸方向に λ 倍（$= Q^{1/3}$）されるため，変形後の部分鎖のサイズは，λR_0 となる．これが，式（4-10）のカッコ内の分子が持つ意味合いである．次に，問題となっている R_{ref} であるが，高分子網目と同じ体積分率（ϕ_{m}）を持つ溶液中において，部分鎖と同じ重合度をもつ高分子の末端間距離と同じであると考える．すなわち，架橋点の影響を除いて，その濃度において部分鎖が持ちうる最も安定な末端間距離を R_{ref} とする．結果として，R_{ref} も R_0 と同様に式（4-12），（4-13），（4-14）に従うと考える．これが，Obukhov-Colby モデルの基本的な枠組みである．後は，各々の条件に対して，式を当てはめていけば，各々の条件におけるスケーリング関係を予測することができる．

例として，準希薄状態で作製した網目を，準希薄状態の範囲で膨潤させた際の弾性率について考えてみよう．ここでは，簡単のために実在鎖（$\nu = 3/5$）を仮定する．すなわち，R_0 と R_{ref} は以下のように書けるとする．

$$R_0 = aN^{\frac{3}{5}}\left(\frac{\phi_0}{\phi^*}\right)^{-\frac{1}{8}} \qquad (4\text{-}15)$$

$$R_{\mathrm{ref}} = aN^{\frac{3}{5}}\left(\frac{\phi_{\mathrm{m}}}{\phi^*}\right)^{-\frac{1}{8}} \qquad (4\text{-}16)$$

これらを，式（4-10）に代入すると以下の式を得ることができる．

$$\frac{G}{kT} \sim \frac{\phi_\mathrm{m}}{N}\left(\frac{\lambda R_0}{R_\mathrm{ref}}\right)^2$$

$$\sim \frac{\phi_\mathrm{m}}{N}\left(\frac{\lambda a N^{\frac{3}{5}}\left(\frac{\phi_0}{\phi^*}\right)^{-\frac{1}{8}}}{a N^{\frac{3}{5}}\left(\frac{\phi_\mathrm{m}}{\phi^*}\right)^{-\frac{1}{8}}}\right)^2 \sim \frac{\phi_\mathrm{m}}{N}\left(\frac{\phi_0}{\phi_\mathrm{m}}\right)^{\frac{2}{3}}\left(\frac{\phi_0}{\phi_\mathrm{m}}\right)^{-\frac{1}{4}} \sim N^{-1}\phi_\mathrm{m}^{\frac{7}{12}}\phi_0^{\frac{5}{12}}$$

$$(4\text{-}17)$$

この式は，弾性率が $\phi_\mathrm{m}^{7/12}$ に比例することを示しており，式（4-9）と比べて，ベキの値が 2 倍程度大きくなっている．次に，準希薄状態で作製した網目を，さらに膨潤させて希薄状態まで膨潤させた際の弾性率について考えてみよう．

$$\frac{G}{kT} \sim \frac{\phi_\mathrm{m}}{N}\left(\frac{\lambda R_0}{R_\mathrm{ref}}\right)^2 \sim \frac{\phi_\mathrm{m}}{N}\left(\frac{\lambda a N^{\frac{3}{5}}\left(\frac{\phi_0}{\phi^*}\right)^{-\frac{1}{8}}}{a N^{\frac{3}{5}}}\right)^2$$

$$\sim \frac{\phi_\mathrm{m}}{N}\left(\frac{\phi_0}{\phi_\mathrm{m}}\right)^{\frac{2}{3}}\left(\frac{\phi_0}{\phi^*}\right)^{-\frac{1}{4}} \sim N^{-1}\phi_\mathrm{m}^{\frac{1}{3}}\phi_0^{\frac{5}{12}}\phi^{*\frac{1}{4}} \qquad (4\text{-}18)$$

この領域では，先ほどの領域と異なり，弾性率は $\phi_\mathrm{m}^{1/3}$ に比例することが予想される．式（4-17）と式（4-18）を比較してみると，膨潤に伴い，弾性率の ϕ_m への依存が 7/12 乗から 1/3 乗に変化することがわかる．すなわち，準希薄状態で作製されたゲルを膨潤させながら弾性率を測定していったとき，ϕ^* のあたりを境に，ベキ乗則が変化することが予想される．この予測は，実験的にも確かめられており，確かにプレポリマーの重なり合い体積分率 ϕ^* の付近でベキ乗則が変化する[3]．ここで重要なことは，ベキ乗則が，ゲルを膨潤させたのか収縮させたのかによらないことである．本質的なのは，体積変化の方向性ではなく，あくまで架橋点間をつなぐ高分子の重なり合い濃度に対して，濃度が高いか低いかであることに注意しよう．

　最後に，この取り扱いの限界についても述べておこう．この議論の大元となっている式（4-10）は厳密にはガウス統計に従う網目について適用可能な式である．すなわち，一般の ν を持つ鎖に対しては，そもそもフックの法則

が厳密には当てはまらない可能性がある．一般の広がりを持つ高分子ゲルの物性を厳密な理論で記述することは困難であることを，ここで再確認しておこう．また，式（4-10）に従うと，$\phi_m^{1/3}$ に比例して末端間距離が小さくなっていくために，収縮の程度が大きすぎる場合，鎖の末端間距離が $aN^{1/2}$ よりも極端に小さくなってしまうことが予想される．しかしながら，このような状況は，もちろん実際には実現されないし，実験的にも前述のモデルとはまったく別のスケーリング則が観察される．この場合には，次項で紹介するような，さらに複雑なモデルを考えることが必要となる．

　もう1点，ゲル作製時に，プレポリマーが自由溶液中における末端間距離（R_0）を保ったまま，網目に取り込まれるという仮定が常に成立するかどうかについても，一考の価値があるかもしれない．重なり合い濃度以下の低濃度領域では，高分子が偶然伸びたときに，少し遠くの架橋点と結合する可能性が高まるかもしれないし，濃度がある程度高い領域では，近くの架橋点と結合する可能性が高まるかもしれない．一方で，モノマーと架橋剤からゲルを作る場合には，架橋点間の分子は R_0 を保ったまま網目を形成する可能性が高そうである．このような点に注意しなくてはいけないものの，多くの実験結果との一致を見るに，高分子ゲルの弾性率が作製された状態と興味ある状態の2状態に強く影響を受けるというコンセプト自体は，ある程度間違いはないと考えられる．

4-1-3　強く収縮した網目に対するスケーリング論的アプローチ

　前項での議論は，希薄・準希薄・濃厚領域までの広い濃度領域に適用可能な議論であるとしたが，先に書いたように，強く収縮した場合には，実験結果を正しく再現できないことが知られている．実際に，ゲルを希薄もしくは準希薄領域の低濃度側で作製し，その後準濃厚領域まで収縮させた実験結果は，明らかに式（4-10）の予測とは異なる[4,5,6,7]．この不一致は，強く収縮した場合には，変形の度合いがあまりにも大きく，前述の議論が成り立たないためであると考えられる．先ほどの議論では，部分鎖の安定な末端間距離（R_{ref}）は，準希薄領域では濃度の $-1/8$ 乗程度で収縮し，ϕ^{**} 以上の濃度域では，$aN^{1/2}$ で一定であった．その一方で，ゲルが収縮すると，部分鎖の末端間距離（つまり架橋点間の距離）はアフィン変形的（$\sim \phi^{-1/3}$）に収縮する

こととなり，ゲルの収縮度合いが大きくなった ϕ^{**} 以上の濃度域では，両者の間に大きな齟齬が生じることとなる．つまり，濃厚な領域では部分鎖の末端間距離が $aN^{1/2}$ に比してかなり小さくなる．ここで注意すべき点は，理想鎖の両末端間距離が小さくなることは，高分子の広がり自体に強い影響を及ぼすものではないことである．第1章の議論から考えると，両末端間距離を 0 から R_0 程度まで引き伸ばすのに必要なエネルギーは，せいぜい熱エネルギー（$k_\mathrm{B}T$）程度であり，その程度のエネルギーでは，高分子全体の形状には大きな変化を及ぼさないことが予想される．つまり，架橋点間距離は小さくなるものの，高分子全体のセグメント分布自体は大きく変化せず，結果として両者は大きく乖離することとなる．このように，収縮は，部分鎖が持っている広がりをあらわに小さくする効果はない一方で，架橋点濃度のみを高める効果がある．よって収縮に伴い，元々ある部分鎖が張っていた体積の中に，他の架橋点とともに他の部分鎖も入り込んでくることとなる．その結果として，部分鎖同士はかなり入り組んだ構造を取ることが予想される．ここで重要な点は，この入り組んだ構造は，解消できないからみ合い構造ではないし，元々からみ合いのない系であっても形成される点である．この入り組んだ網目構造は，DNAの超らせん構造（supercoil）に因み，supercoil 網目と呼ばれている（図4-3）．

ここで，図に示す supercoil 状の部分鎖の構造をよく見てみよう．実線で示したのが部分鎖，○は架橋点，太線は短絡鎖である．すると，元々持って

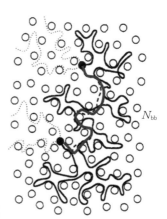

図 4-3　supercoil 網目
強く脱膨潤した網目の模式図[2]

106 4 膨潤と収縮

いた解消できないからみ合いと，後から形成された解消可能な擬似的からみ合いが存在することがわかる．すなわち，部分鎖は解消できないからみ合いのみを考慮した経路を結ぶ部分（短絡鎖）と，擬似的なからみ合いの経路に入り込んでいる部分の2つの部分に分けることができる．Rubinstein らは，後者の領域を無視し，短絡鎖について調べることで，この問題にアプローチした．以下，彼らの論文の論旨に従って進めていこう．

　図4-3 より明らかに，supercoil 網目を持つ部分鎖は，短絡鎖と同じ末端を持つために，部分鎖の末端間距離は，短絡鎖の末端間距離（R_{bb}）と同等であると考えることができる．ここで，短絡鎖を形成する仮想的なセグメント同士には特別な相関はないとすると，短絡鎖は理想鎖状であると考えることができ，R_{bb} は以下のように予想される．

$$R_{bb} \approx aN_{bb}^{\frac{1}{2}} \tag{4-19}$$

短絡鎖は部分鎖と同じ数密度を有しているために，短絡鎖の実質的な重合度（N_{bb}）とその体積分率（ϕ_{bb}）は，以下のように書くことができる．

$$\frac{\phi_{bb}}{N_{bb}} = \frac{\phi_m}{N} \tag{4-20}$$

ここで，supercoil が生じ始める濃度は，短絡鎖の重合度（N_{bb}）を持つ未架橋高分子の溶液において，弾性に及ぼすからみ合いの寄与が支配的になる濃度であると仮定する．

　一般に，溶液中の高分子間のからみ合い点間重合度（N_e）は，高分子体積分率（ϕ_e）を用いて以下の関係式で記述される[8]．

$$\phi_e = \left(\frac{N_e}{N_{e,0}} \right)^{-\frac{1}{\alpha-1}} \tag{4-21}$$

この式は，からみ合いが問題になる濃度とからみ合い点間分子量を関係づける式であり，$N_{e,0}$ は高分子融体における直鎖状高分子のからみ合い点間重合度である．α はからみ合い高分子溶液におけるゴム状平坦弾性率の濃度依存性の指数であり，θ 溶媒中なら $\alpha=7/3$，良溶媒中なら $\alpha=9/4$ となることが知られている．この式に，ある重合度 N_1 を N_e として代入すれば，重合度

N_1 の高分子溶液においてからみ合いが重要になってくる濃度 (ϕ_e) を求めることができるし，逆に ϕ_1 を ϕ_e として代入すれば，ある濃度 (ϕ_1) におけるからみ合い点間重合度 (N_e) を求めることができる．式（4-21）を短絡鎖に適用すると，ϕ_{bb} と N_{bb} には，以下のような関係式が成立する．

$$\phi_{bb} = \left(\frac{N_{bb}}{N_e}\right)^{-\frac{1}{\alpha-1}} \tag{4-22}$$

この先の議論は，簡単のため θ 溶媒を仮定して話を進めよう．式（4-20）と式（4-22）より，

$$N_{bb} \cong N_e^{\frac{3}{7}}\left(\frac{\phi_m}{N}\right)^{-\frac{4}{7}} \tag{4-23}$$

さらに，式（4-23）を（4-19）に代入して，

$$R_{bb} \cong aN_{bb}^{\frac{1}{2}} \cong aN_e^{\frac{3}{14}}\left(\frac{\phi_m}{N}\right)^{-\frac{2}{7}} \tag{4-24}$$

θ 溶媒中でのからみ合い濃度を ϕ_e^{θ} とおき，式（4-21）を N_e についての式にまとめ，式（4-24）に代入すると，

$$R_{bb} \cong aN^{\frac{1}{2}}\left(\frac{\phi_m}{\phi_e^{\theta}}\right)^{-\frac{2}{7}} \tag{4-25}$$

この式は，短絡鎖の末端間距離を示しており，これこそが，supercoil 構造を持つ部分鎖の安定な末端間距離 (R_{ref}) となる．

$$R_{ref} \cong aN^{\frac{1}{2}}\left(\frac{\phi_m}{\phi_e^{\theta}}\right)^{-\frac{2}{7}} \tag{4-26}$$

通常の濃厚な高分子溶液中において，$R = aN^{1/2}$ であることを考慮すると，supercoil 状になることで，R の安定状態が従来よりも $(\phi_m/\phi_e^{\theta})^{-2/7}$ だけ小さくなることがわかる．式（4-26）を，式（4-10）に代入することにより，以下の supercoil の弾性率を記述する式を得ることができる．

$$\frac{G}{kT} \cong \frac{\phi}{Nb^3}\left(\frac{\phi_{\mathrm{m}}}{\phi_0}\right)^{-\frac{2}{3}}\left(\frac{\phi_{\mathrm{m}}}{\phi_{\mathrm{e}}^{\theta}}\right)^{\frac{4}{7}} \sim \phi_{\mathrm{m}}^{\frac{19}{21}} \tag{4-27}$$

この式より，この領域では弾性率は $\phi_{\mathrm{m}}^{19/21}$ に比例することが予想される．いくつかの異なる実験系において，$G \sim \phi_{\mathrm{m}}^{1}$ というこの予測と概ね一致する結果が得られており，このモデルの妥当性が示唆されている[7]．準濃厚系では，濃度によらず末端間距離は理想鎖のそれと一致することを用いて，単純に式（4-10）に $R_{\mathrm{ref}} = aN^{1/2}$ を代入して計算すると，$G \sim \phi_{\mathrm{m}}^{1/3}$ と実験結果やsupercoil 網目に対する帰結とはまったく異なる予測が得られる．よって，希薄な状態で網目を形成し，その後に強く脱膨潤した際には，ここで議論したような複雑な構造が形成されていることが強く示唆される．

4-2　高分子ゲルの平衡膨潤

　前節では，ゲルが膨潤した際の弾性率について議論した．一般に，作製直後のゲルを良溶媒に浸すと，ゲルは膨潤する．それは，ゲルを構成する高分子は溶媒と混和しており，浸透圧を持つためである．ゲル外部の良溶媒に高分子が存在しなければ，高分子ゲル内外には高分子濃度差に由来する浸透圧が発生する．その浸透圧差を減らすべく，高分子は外液に溶出しようとするものの，高分子は架橋によりゲルに固定されているために，溶出することができない．結果として，浸透圧差を減らすために，溶媒を外液から引き込むことによりゲルは膨潤する．膨潤が進むと，一方で，前節に示したようにゲルの持つ弾性圧（膨潤したゲルの弾性率に対応）も減少する．膨潤に伴い，浸透圧と弾性圧共に減少するものの，浸透圧の減少分の方が大きいため，ある程度膨潤したところで互いがつり合い，平衡膨潤状態となる．一般に，初期状態において，浸透圧は弾性圧よりも大きいために，ゲルは膨潤するのである．このような考え方は，Flory により考案され，平衡膨潤の条件は，以下の式で表される[9]．

$$\left(\frac{\partial F_{\mathrm{el}}}{\partial n_{\mathrm{B}}}\right)_{n_{\mathrm{A}}} + \left(\frac{\partial F_{\mathrm{mix}}}{\partial n_{\mathrm{B}}}\right)_{n_{\mathrm{A}}} = 0 \tag{4-28}$$

4-2 高分子ゲルの平衡膨潤 109

ここで，F_{el} と F_{mix} は弾性エネルギーと混合の自由エネルギー，n_A, n_B はそれ
ぞれ高分子と溶媒のモル数である．ゲル内の高分子の数は変化しない状況で，
溶媒の数のみが変化したとき，すなわち膨潤・収縮したときのトータルのエ
ネルギー変化が 0 であることが平衡膨潤状態の条件である．

4-2-1 スケーリングによる平衡膨潤状態の予測

さて，ここでは先にスケーリング理論による平衡膨潤度の予測について見
てみよう．具体的には，F_{el} としては式（4-10）を，F_{mix} については準希薄高
分子溶液のものである式（2-62）を用いることとする．スケーリング理論に
おいては，F_{el} と F_{mix} のいずれも ϕ のベキ乗の形をしているので，ϕ による
微分操作は各項を ϕ の 1 乗分除すだけの効果しかなく，結局，以下の式を考
えることとなる．

$$\frac{\dfrac{\phi_e}{N}\left(\dfrac{\lambda R_0}{R_{ref}}\right)^2}{\phi_e} \sim \frac{\phi_e^{\frac{3\nu}{3\nu-1}}}{\phi_e} \tag{4-29}$$

ここで，ϕ_e は平衡膨潤状態におけるゲル中の高分子体積分率である．知りた
いのは，平衡膨潤状態における ϕ_e と弾性率（G_e）についてであるが，前節と
同様に，作製時，もしくは平衡膨潤時の濃度がどの濃度域にあるかによって
変化する．一例として，準希薄領域（$\phi^* < \phi_0$）で作製したゲルを希薄領域ま
で膨潤した場合について考えよう．R_0 と R_{ref} に式（4-13）と（4-12）をそれ
ぞれ代入すると，ϕ_e と G_e に対して以下のようなスケーリングが得られる．

$$\phi_e \sim G_0^{\frac{9\nu-3}{6\nu+1}} \phi_0^{\frac{1-3\nu}{6\nu+1}} \tag{4-30}$$

$$G_e \sim G_0^{\frac{9\nu}{6\nu+1}} \phi_0^{-\frac{3\nu}{6\nu+1}} \tag{4-31}$$

さらに，ϕ_e と G_e の関係について，式をまとめると，以下の式を得ることが
できる．

$$G_e \sim \phi_e^{\frac{3\nu}{3\nu-1}} \tag{4-32}$$

この式の右辺は，$\phi = \phi_e$ のときの浸透圧そのものであることに注意しよう．

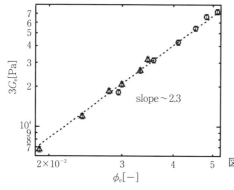

図 4-4 部分鎖の分子量や初期濃度が異なる Tetra-PEG ゲルの結果

式 (4-29) の左辺はそもそも G_e/ϕ_e であったわけで，式 (4-32) は式 (4-29) から直接得られる．すなわち，ゲルの浸透圧に対して準希薄状態のスケーリング（式 (2-62)）を適用すると，濃度領域によらずアプリオリにこの関係が得られることとなる．この式の実験的検証をもって，de Gennes により提案された c^* 定理（ゲルの平衡膨潤状態は，そのゲルをなす部分鎖からなる仮想的な高分子溶液の c^* と対応するという定理）の検証がなされたとする記述も散見されるが，むしろゲルの浸透圧が準希薄溶液の形をしていることを検証したとすることが正しいであろう．

この式は，実用上きわめて重要な式である．なぜならば，ϕ_e と G_e の関係について調べることで，重要な指数である ν を実験的に知ることができるためである．実験としては，さまざまな初期濃度，もしくは弾性率の異なるゲルを作製し，平衡膨潤させた後に，弾性率を測定することとなる．得られた，ϕ_e と G_e をプロットし，そのベキより式 (4-32) を用いて，一連のゲルがその溶媒中で持つ ν を求めることができる．一例として，図 4-4 に部分鎖の分子量や初期濃度の異なるポリエチレングリコールからなるゲル（Tetra-PEG ゲル）の結果を示す[3]．さまざまな条件で作製したゲルのデータが1つの直線上に乗っていることがわかるだろう．式 (4-4) の傾きから得られた ν は 0.56 であり，実在鎖に近いものであった．この ν を用いることにより，G の ϕ_m 依存性もリーズナブルに再現できたために，この方法で得られた値はある程度妥当であると考えることができる．実際に，他の系においても，式 (4-32) の関係から妥当な ν が得られていることもここに付記しておく[10, 11, 12, 13, 14]．

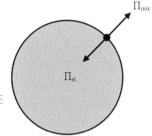

図 4-5 ゲルの網目濃度の差による浸透圧（Π_{el}）と弾性圧（Π_{mix}）
両者は基本的に異符号を持つ．

4-2-2 統計力学を用いた平衡膨潤状態の予測

こちらについても式（4-28）より，平衡膨潤状態を予測する式を直接得ることもできるが，後の議論への拡張性を考慮し，ゲル表面にかかる圧力について考える．平衡膨潤状態においては，ゲル表面においてゲルにかかるすべての圧力がつり合っていると考えることができる．最も単純な，純粋溶媒中における中性のゲルについて考えると，ゲルの表面には，ゲル内外の網目濃度の差からくる浸透圧（Π_{mix}）と，ゲル網目の変形に由来する弾性圧（Π_{el}）が働いていると考えることができる．ここで，図 4-5 のように，Π_{mix} と Π_{el} は基本的には異符号を持つことに気をつけよう．よって，平衡膨潤の条件は，以下のように表される．

$$\Pi = \Pi_{mix} + \Pi_{el} = 0 \tag{4-33}$$

まずは，Π_{mix} について考えてみよう．Π_{mix} は，混合の自由エネルギーを用いて以下のように書くことができる．

$$\Pi_{mix} = -\frac{N_A}{V_1}\left(\frac{\partial \Delta F_{mix}}{\partial n_B}\right)_{n_A} \tag{4-34}$$

N_A はアボガドロ数，V_1 は溶媒分子のモル体積であり，N_A/V_1 は単位体積あたりの溶媒分子の個数となる．ここで，高分子ゲルの持つ混合の自由エネルギー（F_{mix}）は，以下のように書ける．

$$\Delta F_{mix} = nkT[(1-\phi)\ln(1-\phi) + \chi\phi(1-\phi)] \tag{4-35}$$

高分子溶液の場合（式 2-41）との違いは，ϕ/N の項がなくなった点である．これは，高分子ゲルの重合度がきわめて大きい（$N \cong \infty$）ためである．式

(2-47) のときと同様にして解くと，Π_{mix} は以下のようになる．

$$\Pi_{mix} = -\frac{N_A kT}{V_1}(\phi + \ln(1-\phi) + \chi\phi^2) \tag{4-36}$$

次に，以下のように定義される Π_{el} について考えていこう．式の形は Π_{mix} の場合とほぼ同じで，ゲルの網目の数を一定にした状態で，溶媒分子が増えるときの弾性エネルギー変化について考えることとなる．

$$\Pi_{el} = -\frac{N_A}{V_1}\left(\frac{\partial \Delta F_{el}}{\partial n_B}\right)_{n_A} \tag{4-37}$$

部分鎖が理想鎖であるとし，アフィンネットワークモデルに従うとすると，網目の弾性エネルギーは以下のように書ける．

$$\Delta F_{el} = \frac{\nu_0 V_0 kT}{2}(\lambda_x{}^2 + \lambda_y{}^2 + \lambda_z{}^2 - 3 - \ln(\lambda_x\lambda_y\lambda_z)) \tag{4-38}$$

式 (3-9) と比較して，$\ln(\lambda_x\lambda_y\lambda_z)$ という項が，新たに追加されたことに気がつくだろう．この項は，網目内に部分鎖を配置する際のエントロピーに由来する項であり，Flory による詳細な計算により導入された[9]．前章のゴム弾性の議論では，体積変化が起こらない過程（$\lambda_x\lambda_y\lambda_z=1$）について考えていたために，この項の存在は第3章の議論にはまったく影響を及ぼさないことに注意しよう．また，ファントムネットワークモデルにおいては，$\ln(\lambda_x\lambda_y\lambda_z)$ の項は存在しないことも注意すべき点である．これは，ファントムネットワークモデルにおいては，部分鎖の末端はゆらいでおり，明に部分鎖を配置する必要がないために，結果として，配置エントロピーについて考慮する必要がないことに由来する．膨潤は等方変形であることを踏まえると，式 (4-38) に以下の条件を課すことができる．

$$\lambda_x = \lambda_y = \lambda_z = \lambda = Q^{\frac{1}{3}} = \left(\frac{V}{V_0}\right)^{\frac{1}{3}} \tag{4-39}$$

ここで，V は膨潤時の体積である．結果として，以下の式を得る．

$$\Delta F_{el} = \frac{3\nu_0 V_0 kT}{2}(\lambda^2 - 1 - \ln\lambda) \tag{4-40}$$

ここからは，実際に微分を行っていこう．

$$\left(\frac{\partial \Delta F_{el}}{\partial n_B}\right)_{n_A} = \left(\frac{\partial \Delta F_{el}}{\partial \lambda}\right)_{n_A}\left(\frac{\partial \lambda}{\partial n_B}\right)_{n_A} = \frac{3\nu_0 V_0 kT}{2}(2\lambda - \lambda^{-1})\left(\frac{\partial \lambda}{\partial n_B}\right)_{n_A} \tag{4-41}$$

$\partial\lambda/\partial n_B$ を求めるために，以下の関係式を用いる．

$$\lambda^3 = \frac{V}{V_0} = \frac{V_0 + n_B V_1}{V_0} \tag{4-42}$$

式 (4-42) を n_B で微分すると，

$$3\lambda^2\left(\frac{\partial \lambda}{\partial n_B}\right)_{n_A} = \frac{V_1}{V_0} \tag{4-43}$$

この式を，式 (4-41) に代入すると，最終的に以下の式を得る．

$$\left(\frac{\partial \Delta F_{el}}{\partial n_B}\right)_{n_A} = \nu_0 V_1 kT\left(\lambda^{-1} - \frac{1}{2}\lambda^{-3}\right) \tag{4-44}$$

よって，Π_{el} は以下のように書ける．

$$\Pi_{el} = \nu_0 N_A kT\left(\frac{1}{2}\lambda^{-3} - \lambda^{-1}\right) = \nu_0 N_A kT\left(\frac{1}{2}\left(\frac{\phi}{\phi_0}\right) - \left(\frac{\phi}{\phi_0}\right)^{\frac{1}{3}}\right) \tag{4-45}$$

ここで，高分子体積分率が ϕ_0 から ϕ まで変化したときの λ が以下のように書けることを用いた．

$$\lambda = \left(\frac{V}{V_0}\right)^{\frac{1}{3}} = \left(\frac{\phi_0}{\phi}\right)^{\frac{1}{3}} \tag{4-46}$$

最終的に $\phi = \phi_e$ とし，式 (4-36) と式 (4-45) を式 (4-33) に代入することで，平衡膨潤の条件を以下のように書くことができる．

$$\Pi = -\frac{N_A kT}{V_1}(\phi_e + \ln(1-\phi_e) + \chi\phi_e^2) + \nu_0 N_A kT\left(\frac{1}{2}\left(\frac{\phi_e}{\phi_0}\right) - \left(\frac{\phi_e}{\phi_0}\right)^{\frac{1}{3}}\right) = 0$$

$$\nu_0 = \frac{\phi_e + \ln(1-\phi_e) + \chi\phi_e^2}{V_1\left(\dfrac{1}{2}\left(\dfrac{\phi_e}{\phi_0}\right) - \left(\dfrac{\phi_e}{\phi_0}\right)^{\frac{1}{3}}\right)} \tag{4-47}$$

ファントムネットワークモデルの下で同様の計算を行うと，以下の式を得ることができる．

$$\xi_0 = -\frac{\phi_e + \ln(1-\phi_e) + \chi\phi_e^2}{V_1\left(\dfrac{\phi_e}{\phi_0}\right)^{-\frac{1}{3}}} \tag{4-48}$$

部分鎖の配置エントロピーの項（$\ln(\lambda_x\lambda_y\lambda_z)$）がなくなったので，分母の第2項がなくなっていることに注意しよう．

この有名な Flory-Rehner の式であるが，結果の式からはその意味を直感的に理解しがたい．視覚的に理解すべく，Π_{mix} と $-\Pi_{el}$ を Q に対してプロットしたものを図4-6に示す．このグラフにおける交点は，$\Pi_{mix}+\Pi_{el}=0$ なる点であり，平衡膨潤状態の条件を示している．ここでは，χ の異なる2種類の Π_{mix} とともに，弾性を予測するモデルと弾性率の異なる4種類の $-\Pi_{el}$ を示した．図より，あらゆる条件下において，Π_{mix} と $-\Pi_{el}$ は常にただ1つの交点を持つことがわかる．すなわち，式（4-47）によれば，高分子ゲルの初期弾性率（$G_0 = \nu_0 N_A kT$）と，初期高分子体積分率（ϕ_0），高分子と溶媒の親

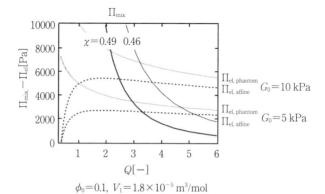

図 4-6　Flory-Rehner の式の視覚的理解
　　　　Π_{el} と Π_{mix} を Q に対してプロットした．

和性（χ）が定まれば，ただ1つの平衡膨潤状態が予想される．グラフより，χやG_0の値が小さければ小さいほど，膨潤する傾向が強くなることが予想される．この結果は，軟らかいゲルや，良溶媒中におけるゲルがよく膨らむというイメージと矛盾しない．膨潤（$Q>1$）に対して$-\Pi_{\mathrm{el}}$はむしろ減少傾向にあることも興味深い．すなわち，膨潤という変形によりあらわに弾性圧が増加するわけではない．それは，膨潤による部分鎖の延伸（正の効果）と，膨潤による部分鎖密度の減少（負の効果）が打ち消し合っているためである．それに対して，膨潤による高分子体積分率の減少によりΠ_{mix}は素直に減少するために，ある膨潤の後に両者はつり合う．

また，アフィンネットワークモデルとファントムネットワークモデルではΠ_{el}の挙動がかなり異なるものの，結果として，Qには大きな影響を及ぼさない．以下に議論するように，式（4-47）はかなり単純化されたモデルであるために，ここでは各々のモデルの正当性について議論することは本質的ではない．しかし，Qが小さい領域では，両モデルの予測するΠ_{el}は大きく異なる挙動を示すために，その領域での実験結果があれば，定性的な議論は可能かもしれない．

式（4-47）の運用については，注意を要する．この式は，さまざまな実験結果をある程度再現できることが知られているが，一方で，本来，高分子と溶媒の組み合わせによってのみ定まるとされるχパラメーターは，部分鎖の重合度や，架橋点の分岐数，さらには高分子の初期濃度によって変化することが知られている[15, 16, 17, 18]．式（4-47）は混合の自由エネルギーと弾性エネルギーがそれぞれ，式（4-35）と式（4-40）で書けるという仮定の下で導かれる．よって，そこからのずれはすべてχパラメーターに押し込まれていると考えてよいだろう．ゆえに，構成する高分子のχパラメーターと膨潤度から有効網目を求めるという使用方法は本質的ではない．なぜならば，力学測定により弾性率を直接測定する方が正確であるからである．

Flory-Rehnerの式の有望な使い方の一例は，ゲルが分解していく系において，初期の弾性率と膨潤度から，χパラメーターを求めた上で，膨潤度から弾性率の経時変化を求めるような使い方であろう[19, 20]．これについては，4-5節で詳細に述べる．もう1つ，式（4-47），（4-48）からはゲルの不連続な体積変化（体積相転移）が予想されないことも注意すべき点である．す

なわち，図 4-6 における交点は常に 1 つであり，2 相の共存は予想されない．
高分子ゲルの体積相転移を再現するためには，χ に ϕ 依存性を導入するか，
もしくはイオン浸透圧を導入する必要がある．いずれにせよ，式（4-47）は
かなり単純化されたモデルであるといって差し支えない．最後に一般的な教
科書に書かれている，Flory-Rehner の式との比較をしておこう．

$$\nu_{dry} = \frac{\phi_e + \ln(1-\phi_e) + \chi\phi_e{}^2}{V_1\left(\frac{1}{2}\phi_e - \phi_e{}^{\frac{1}{3}}\right)} \qquad (4\text{-}49)$$

大きな変更点は，左辺にあらわに dry と書かれている点と，分母から ϕ_0 がな
くなった点である．式（4-47）と（4-49）の間には，初期状態がメルト
（$\phi_0 = 1$）であるか，溶媒を含むか（$\phi_0 < 1$）の違いしかない．いずれの式も，
左辺の有効網目密度は初期状態のものと定義されるので，メルトの場合はあ
らわに dry とかかれており，ゲルの場合は初期状態（ϕ_0）における有効網目
密度となっている．一方で分母については，変形による弾性エネルギーの変
化に由来するために，膨潤前後の変形率（λ）が本質的なパラメーターである．
式（4-47）においてやはり $\phi_0 = 1$ とすれば，式（4-49）と同様の結果を得るこ
とができる．このように，式（4-49）は，式（4-47）の特別な場合（$\phi_0 = 1$）
に過ぎないということがわかる．

4-3 高分子ゲルの相転移

4-3-1 中性ゲルの体積相転移
　ある種の高分子ゲルは，溶媒の質を少しだけ変化させたときに，体積が不
連続的に変化する．この現象は，田中らによって初めて観察され，体積相転
移現象と名付けられた[21]．たとえば，poly（N-イソプロピルアクリルアミ
ド）（PNIPAAm）からなるハイドロゲルは，水中において温度を室温から上
昇させると，おおよそ 32℃ において不連続的に収縮する（図 4-7）[22]．こ
の体積相転移現象は，どのようにすれば予測することができるのであろうか．
　前節では，高分子ゲルが良溶媒中で膨潤することについて学んだ．一方で，
貧溶媒中ではゲルが収縮することもある．図 4-8(a) に，χ を変化させたと

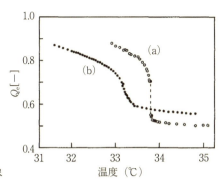

図 4-7 ハイドロゲルの体積相転移現象

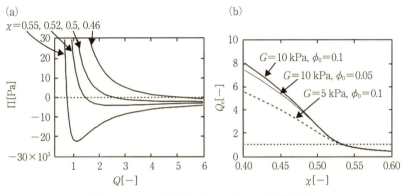

図 4-8 Π の Q 依存性 (a) と Q_e の χ 依存性 (b)

きの, Π ($=\Pi_{mix}+\Pi_{el}$) の Q 依存性を示す. 前節とは異なり, Π を直接見ているために, $\Pi=0$ との交点が平衡状態の膨潤度 (Q_e) となる. χ の増加に伴い, Q_e は徐々に低下し, χ が十分高い領域では $Q_e<1$ となる. すなわち, ゲルは収縮することがわかる. 式 (4-47) を χ について解くと, Q_e の χ 依存性を定量的に予測することができる. 図 4-8(b) に G や ϕ_0 を変化させたときの結果を示すが, 不連続的な変化は見られず, Q_e は χ に対して連続的に変化する. つまり, 式 (4-47) により予測される挙動は連続的であり, 体積相転移ではない.

さて, どのようにすれば, 体積相転移を理論的に再現することができるであろうか? 体積相転移を再現する最も単純な方法は, χ パラメーターの高分子体積分率依存性を仮定することである. 具体的に, χ パラメーターが以

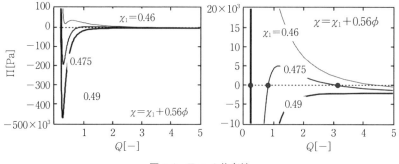

図 4-9 Π の Q 依存性
左：全体図，右：拡大図．

下のような体積分率依存性を持つとしよう．

$$\chi = \chi_1(T) + \chi_2 \phi \tag{4-50}$$

このような依存性は，poly（N-イソプロピルアクリルアミド）(PNIPAAm) を含む複数の高分子において観察されており，非現実的な仮定ではない[23]．その結果として，Π の Q 依存性（図 4-9）は，図 4-7 とはまったく異なった形状となり，ある χ_1 の範囲では，極小値と極大値を持つようになる．

その領域において，χ_1 を大きくしていくと，$\Pi=0$ となる点が 1 つ（$\chi_1=0.46$）から 3 つ（$\chi_1=0.475$）になり，また 1 つ（$\chi_1=0.49$）になるような挙動が見られる．$\Pi=0$ となる点が 1 つの場合には，先ほどと同様，ある 1 つの平衡状態が存在するのに対して，$\Pi=0$ となる点が 3 つの場合には一見して 3 つの平衡状態があるように見える．単純に見ると，そうなのであるが，実際にはすべてが安定に存在しうる状態ではない．これらの相の安定性を知るためには，以下に定義される体積弾性率（K）について調べればよい．

$$K = \phi \left(\frac{\partial \Pi}{\partial \phi} \right)_T \tag{4-51}$$

体積弾性率はゲルを圧縮して溶媒を絞り出すのに必要な圧力であり，$K<0$ の場合には，何も手を加えなくてもゲルは勝手に収縮していってしまう．すなわち，固体として安定に存在するためには，$K>0$ である必要がある．K の Q 依存性を考えるために，まずは Q を ϕ で偏微分すると，

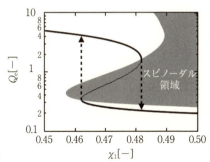

図4-10 膨潤度の χ_1 依存性

$$\frac{\partial Q}{\partial \phi} = \frac{\partial \left(\frac{\phi_0}{\phi}\right)}{\partial \phi} = -\phi_0 \phi^{-2} \quad (4\text{-}52)$$

式（4-51）に代入すると，

$$K = \phi \left(\frac{\partial \Pi}{\partial \phi}\right)_T = \phi \left(\frac{\partial \Pi}{\partial Q}\right)_T \left(\frac{\partial Q}{\partial \phi}\right)_T = -\phi_0 \phi^{-1} \left(\frac{\partial \Pi}{\partial Q}\right)_T \quad (4\text{-}53)$$

$\phi_0, \phi > 0$ であるために，Π の Q 依存性のグラフ（図4-9）において，傾きが正の領域は $K<0$ の不安定領域となる．この領域では，ゲルは安定に存在することができず，相分離が自動的に進む，いわゆるスピノーダル分解が起こる．よって，安定に存在しうる相は，3つある $\Pi=0$ の点のうちの両端の2点となる．

図4-10に最終的な帰結として得られる膨潤度の χ_1 依存性を示す．ここで示される実線は，式（4-47）に式（4-50）を代入し，整理することにより得られ，スピノーダル領域は，$\partial \Pi/\partial \phi < 0$ という条件より得られる．結果として，溶媒の質を低下させていった際には $\chi_1=0.48$ 付近で，不連続的に体積変化することが示される．また，逆に溶媒の質を良くしていった場合には $\chi_1=0.46$ 付近で体積変化することが予測される．いわゆる，ヒステリシス挙動が予測される．温度の上昇に伴い χ_1 は増大するために，結果として図4-10の χ_1 を T と読み替えたようなグラフ（図4-7）が得られることとなる．PNIPAAmのゲルにおいても，大きくはないが，実験的にヒステリシスが観察されている[22]．

4-3-2 電解質ゲルの体積相転移

前項では，中性ゲルについて学んだが，一般に体積相転移を起こす中性ゲルはあまり多くない．一方で，網目中に固定電荷を有する高分子電解質ゲルにおいては，多くの系で体積相転移が観察される．実際に，最初に発見された体積相転移は部分的に加水分解されたアクリルアミドゲルにおけるものであった[21]．網目中の固定電荷の密度があまり大きくない場合は，固定電荷間の静電斥力は小さく，ドナン効果に基づく対イオン浸透圧が支配的である．この効果を取り入れると，前項のようなχのϕ依存性がなくとも，体積相転移が起こることが理論的に予想される．

ドナン効果とは，ゲル網目に固定電荷が存在する場合，ゲル相の電気的中性を保つために，固定電荷と同量の反対電荷を持った対イオンがゲル中に浸透する効果のことである．結果として，ゲル中のイオン濃度は，固定電荷分だけ外部溶液よりも大きくなる．部分鎖あたり解離している固定電荷がfだけ存在するとすれば，対イオンに由来する浸透圧（Π_{ion}）は以下のように書ける．

$$\Pi_{\text{ion}} = \nu_0 \frac{\phi}{\phi_0} fRT \tag{4-54}$$

よって，電解質ゲルの持つ浸透圧は以下のように書ける．

$$\Pi = \Pi_{\text{mix}} + \Pi_{\text{el}} + \Pi_{\text{ion}}$$
$$= RT\left[-\frac{1}{V_1}(\phi + \ln(1-\phi) + \chi\phi^2) + \nu_0\left\{\left(f + \frac{1}{2}\right)\left(\frac{\phi}{\phi_0}\right) - \left(\frac{\phi}{\phi_0}\right)^{\frac{1}{3}}\right\}\right] \tag{4-55}$$

この式は，一般のゲルに働くすべての圧力を含む式であるために，ゲルの状態方程式と呼ばれる[24]．

まずは，全体の浸透圧に対する各々の寄与について見てみよう．図4-11には，各々の成分をϕに対して示す．ここでは，典型的な高分子ゲルのパラメーターから各成分を計算しているが，図より明らかにΠ_{mix}とΠ_{ion}に比べて，Π_{el}の浸透圧に対する影響が小さいことがわかる．特に，イオン浸透圧に関しては，部分鎖あたり数個入っているだけでもその影響は大きいことは注意すべき点である（図4-11では，5個，10個の場合について示している）．

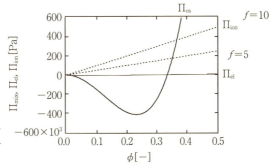

図 4-11 Π_{mix}, Π_{el}, Π_{ion} それぞれの浸透圧全体への寄与

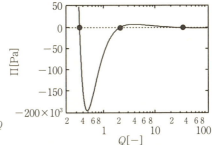

図 4-12 相転移が起こるときの浸透圧の Q 依存性

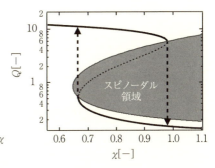

図 4-13 $\phi_0 = 0.1$, $f = 5$ のときの, Q の χ 依存性

次に，実際に相転移が起こるようなパラメーターを代入した際の，Π ($=\Pi_{mix}+\Pi_{el}+\Pi_{ion}$) の Q 依存性を図 4-12 に示す．中性ゲルのときと同様に，$\Pi=0$ となる点が 3 つ存在するが，先ほどと同様に固体として安定に存在しうるのは，両側の 2 点のみである．

図 4-13 に，$\phi_0=0.1$, $f=5$ のときの，Q の χ 依存性を示すが，確かに体積が不連続的に変化する挙動が確認される．ここで，1 つ重要な点は，膨潤相

の体積が中性ゲルの場合（図 4-10）と比べてかなり大きいことである．対イオンに由来する浸透圧は大きく，電解質ゲルは中性ゲルと比較して大きく膨潤する特徴がある．繰り返しになるが，この大きな膨潤は，網目に固定された電荷間の反発によるものではなく，対イオンの効果によりもたらされていることに注意しよう．このような高い膨潤性を持つ電解質ゲルは，紙おむつの吸水材や，土壌保水剤として実用化されている．

4-4 高分子ゲルの膨潤・収縮の動力学

　前節までで，ゲルが膨潤したり，収縮したりすることを学んだ．次の興味は，ゲルがどのくらいの速度で膨潤・収縮するかである．ゲルの膨潤収縮の動力学について考えるためには，ゲルを連続体として捉え，運動方程式を解く必要がある[25]．最初に，3 次元の弾性体が任意の変形をするときの，変位ベクトル $\mathbf{u}(\mathbf{r})$ について考えよう．変位ベクトルは位置の関数であり，弾性体中のある点（$\mathbf{r}$）が変形の後に，どこに変位するか（$\mathbf{r}'$）を規定する．（図 4-14）

$$\mathbf{r}' = \mathbf{r} + \mathbf{u}(\mathbf{r}) \qquad (4\text{-}56)$$

次に，$\mathbf{r}$ から微少な距離 $d\mathbf{r}$，離れた点の変位について考えよう．

$$\mathbf{r}' + d\mathbf{r}' = \mathbf{r} + d\mathbf{r} + \mathbf{u}(\mathbf{r} + d\mathbf{r}) \qquad (4\text{-}57)$$

式（4-58）を式（4-57）に代入すると，以下の式を得る．

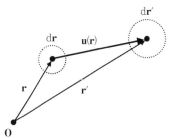

図 4-14　点 $\mathbf{r}$ が $\mathbf{r}'$ に移るときの変形の様子

$$\mathrm{d}\mathbf{r}' - \mathrm{d}\mathbf{r} = \mathbf{u}(\mathbf{r} + \mathrm{d}\mathbf{r}) - \mathbf{u}(\mathbf{r}) \tag{4-58}$$

$\mathbf{r}$ と $\mathbf{u}$ を以下のように書き下すと，式（4-58）より

$$\mathbf{r} = \begin{pmatrix} x_1 \\ x_2 \\ x_3 \end{pmatrix}, \ \mathbf{u} = \begin{pmatrix} u_1 \\ u_2 \\ u_3 \end{pmatrix} \tag{4-59}$$

$$\mathrm{d}\mathbf{r}' - \mathrm{d}\mathbf{r} = \begin{pmatrix} \dfrac{\partial u_1}{\partial x_1}\mathrm{d}x_1 + \dfrac{\partial u_1}{\partial x_2}\mathrm{d}x_2 + \dfrac{\partial u_1}{\partial x_3}\mathrm{d}x_3 \\[2mm] \dfrac{\partial u_2}{\partial x_1}dx_1 + \dfrac{\partial u_2}{\partial x_2}\mathrm{d}x_2 + \dfrac{\partial u_2}{\partial x_3}\mathrm{d}x_3 \\[2mm] \dfrac{\partial u_3}{\partial x_1}\mathrm{d}x_1 + \dfrac{\partial u_3}{\partial x_2}dx_2 + \dfrac{\partial u_3}{\partial x_3}\mathrm{d}x_3 \end{pmatrix}$$

$$= \begin{pmatrix} \dfrac{\partial u_1}{\partial x_1} & \dfrac{\partial u_1}{\partial x_2} & \dfrac{\partial u_1}{\partial x_3} \\[2mm] \dfrac{\partial u_2}{\partial x_1} & \dfrac{\partial u_2}{\partial x_2} & \dfrac{\partial u_2}{\partial x_3} \\[2mm] \dfrac{\partial u_3}{\partial x_1} & \dfrac{\partial u_3}{\partial x_2} & \dfrac{\partial u_3}{\partial x_3} \end{pmatrix} \begin{pmatrix} \mathrm{d}x_1 \\ \mathrm{d}x_2 \\ \mathrm{d}x_3 \end{pmatrix} = \tilde{\mathbf{u}} \cdot \begin{pmatrix} \mathrm{d}x_1 \\ \mathrm{d}x_2 \\ \mathrm{d}x_3 \end{pmatrix} \tag{4-60}$$

$\mathrm{d}\mathbf{r}' - \mathrm{d}\mathbf{r}$ は変形前後のある点 $\mathbf{r}$ の変形を表している．すなわち，$\tilde{\mathbf{u}}$ は弾性体のひずみを規定する因子であり，相対変位テンソルと呼ばれる．$\tilde{\mathbf{u}}$ によって表される弾性体の任意の変形は，等方的な膨張・収縮（$\tilde{\mathbf{u}}_{\mathrm{vol}}$）と，体積変化を伴わない変形（$\tilde{\mathbf{u}}_{\mathrm{eq}}$），回転（$\tilde{\mathbf{u}}_{\mathrm{rot}}$）からなる．回転によってひずみは生じないために（第5章参照），実質的なひずみを規定するひずみテンソル（$\tilde{\mathbf{u}}_{\mathrm{def}}$）は，以下のように示される．

$$\tilde{\mathbf{u}}_{\mathrm{def}} = \tilde{\mathbf{u}} - \tilde{\mathbf{u}}_{\mathrm{rot}} = \tilde{\mathbf{u}}_{\mathrm{vol}} + \tilde{\mathbf{u}}_{\mathrm{eq}} \tag{4-61}$$

各々の成分は，以下のように示される．

$$\tilde{\mathbf{u}}_{\mathrm{def}} = \begin{pmatrix} u_{11} & u_{12} & u_{13} \\ u_{21} & u_{22} & u_{23} \\ u_{31} & u_{32} & u_{33} \end{pmatrix} \ \mathrm{with} \ \ u_{ik} = \frac{1}{2}\left(\frac{\partial u_k}{\partial x_i} + \frac{\partial u_i}{\partial x_k} \right) \tag{4-62}$$

124　4　膨潤と収縮

$$\tilde{\mathbf{u}}_{\mathrm{rot}} = \frac{1}{2}\begin{pmatrix} 0 & \dfrac{\partial u_1}{\partial x_2}-\dfrac{\partial u_2}{\partial x_1} & \dfrac{\partial u_1}{\partial x_3}-\dfrac{\partial u_3}{\partial x_1} \\ \dfrac{\partial u_2}{\partial x_1}-\dfrac{\partial u_1}{\partial x_2} & 0 & \dfrac{\partial u_2}{\partial x_3}-\dfrac{\partial u_3}{\partial x_2} \\ \dfrac{\partial u_3}{\partial x_1}-\dfrac{\partial u_1}{\partial x_3} & \dfrac{\partial u_3}{\partial x_2}-\dfrac{\partial u_2}{\partial x_3} & 0 \end{pmatrix} \tag{4-63}$$

$$\tilde{\mathbf{u}}_{\mathrm{vol}} = \frac{1}{3}\left(\frac{\partial u_1}{\partial x_1}+\frac{\partial u_2}{\partial x_2}+\frac{\partial u_3}{\partial x_3}\right)\begin{pmatrix} 1 & 0 & 0 \\ 0 & 1 & 0 \\ 0 & 0 & 1 \end{pmatrix} = \frac{1}{3}\nabla\mathbf{u}\begin{pmatrix} 1 & 0 & 0 \\ 0 & 1 & 0 \\ 0 & 0 & 1 \end{pmatrix} \tag{4-64}$$

$$\tilde{\mathbf{u}}_{\mathrm{eq}} = \begin{pmatrix} u_{11} & u_{12} & u_{13} \\ u_{21} & u_{22} & u_{23} \\ u_{31} & u_{32} & u_{33} \end{pmatrix} - \frac{1}{3}\nabla\mathbf{u}\begin{pmatrix} 1 & 0 & 0 \\ 0 & 1 & 0 \\ 0 & 0 & 1 \end{pmatrix} \tag{4-65}$$

ここまでで，連続体のひずみについて学んだので，次に連続体の微小体積要素に着目し，変形が起こる際の動力学について見ていこう．一般に微小体積要素が流体中で運動するときの運動方程式は，以下の式で与えられる．

$$\rho\frac{\partial^2}{\partial t^2}\mathbf{u} = \nabla\cdot\tilde{\boldsymbol{\sigma}}-f\frac{\partial}{\partial t}\mathbf{u}$$
$$\tilde{\boldsymbol{\sigma}} = \begin{pmatrix} \sigma_{11} & \sigma_{21} & \sigma_{31} \\ \sigma_{12} & \sigma_{22} & \sigma_{32} \\ \sigma_{13} & \sigma_{23} & \sigma_{33} \end{pmatrix} \tag{4-66}$$

ここで，ρ は密度，f はゲルの網目と内部の溶媒の摩擦係数，$\tilde{\boldsymbol{\sigma}}$ は応力テンソルである．$\tilde{\boldsymbol{\sigma}}$ の成分である σ_{ik} は i 軸に垂直な面にかかる k 方向の力であることに注意しよう（第 5 章参照）．式（4-66）は，左辺が微小体積要素の重量と加速度を乗じたものであり，右辺第 1 項は，微小体積要素に流れ込む力，右辺第 2 項は微小体積要素にかかる粘性抵抗であることより，まさに微小体積要素の運動量保存の法則であるといえる．ここでは，ゲルの膨潤過程が溶媒分子の拡散でなく，網目の拡散に支配されていることを仮定している．ゲルの体積変化は十分に遅く，準静的なプロセスであると考えられるため，式（4-66）の左辺を 0 とすることができ，結果として，以下の式が得られる．

$$\frac{\partial}{\partial t}\mathbf{u} = \frac{1}{f}\nabla\cdot\tilde{\boldsymbol{\sigma}} \tag{4-67}$$

応力テンソルは，ゲルの体積弾性率を K，ずり弾性率を G とすると，以下のように示される．

$$\tilde{\boldsymbol{\sigma}} = 3K\tilde{\mathbf{u}}_{\mathrm{vol}} + 2G\tilde{\mathbf{u}}_{\mathrm{eq}} \tag{4-68}$$

よって，テンソルの各成分は以下のように表される．

$$\sigma_{ik} = K\nabla\cdot\mathbf{u}\delta_{ik} + 2G\left(u_{ik} - \frac{1}{3}\nabla\cdot\mathbf{u}\delta_{ik}\right) \tag{4-69}$$

式（4-69）の第1項は体積変形に由来する応力，第2項はずり変形に由来する応力である．次に，式（4-67）の計算を実際に行っていこう．

$$\frac{\partial}{\partial t}\mathbf{u} = \frac{1}{f}\nabla\cdot\tilde{\boldsymbol{\sigma}} = \frac{1}{f}\begin{pmatrix}\sigma_{11} & \sigma_{12} & \sigma_{13}\\ \sigma_{21} & \sigma_{22} & \sigma_{23}\\ \sigma_{31} & \sigma_{32} & \sigma_{33}\end{pmatrix}\begin{pmatrix}\dfrac{\partial}{\partial x_1}\\[2mm] \dfrac{\partial}{\partial x_2}\\[2mm] \dfrac{\partial}{\partial x_3}\end{pmatrix} = \frac{1}{f}\begin{pmatrix}\dfrac{\partial\sigma_{11}}{\partial x_1}+\dfrac{\partial\sigma_{12}}{\partial x_2}+\dfrac{\partial\sigma_{13}}{\partial x_3}\\[2mm] \dfrac{\partial\sigma_{21}}{\partial x_1}+\dfrac{\partial\sigma_{22}}{\partial x_2}+\dfrac{\partial\sigma_{23}}{\partial x_3}\\[2mm] \dfrac{\partial\sigma_{31}}{\partial x_1}+\dfrac{\partial\sigma_{32}}{\partial x_2}+\dfrac{\partial\sigma_{33}}{\partial x_3}\end{pmatrix} \tag{4-70}$$

x_1 軸成分についてのみ着目すると，式（4-69）より，

$$\begin{aligned}\frac{\partial\sigma_{11}}{\partial x_1}&+\frac{\partial\sigma_{12}}{\partial x_2}+\frac{\partial\sigma_{13}}{\partial x_3}\\ &= \frac{\partial}{\partial x_1}\left\{K\left(\frac{\partial u_1}{\partial x_1}+\frac{\partial u_2}{\partial x_2}+\frac{\partial u_3}{\partial x_3}\right)+\frac{2}{3}G\left(2\frac{\partial u_1}{\partial x_1}-\frac{\partial u_2}{\partial x_2}-\frac{\partial u_3}{\partial x_3}\right)\right\}\\ &\quad +G\frac{\partial}{\partial x_2}\left(\frac{\partial u_2}{\partial x_1}+\frac{\partial u_1}{\partial x_2}\right)+G\frac{\partial}{\partial x_3}\left(\frac{\partial u_3}{\partial x_1}+\frac{\partial u_1}{\partial x_3}\right)\\ &= \left(K+\frac{G}{3}\right)\frac{\partial}{\partial x_1}\left(\frac{\partial u_1}{\partial x_1}+\frac{\partial u_2}{\partial x_2}+\frac{\partial u_3}{\partial x_3}\right)+G\left(\frac{\partial^2 u_1}{\partial x_1{}^2}+\frac{\partial^2 u_2}{\partial x_2{}^2}+\frac{\partial^2 u_3}{\partial x_3{}^2}\right)\\ &= \left(K+\frac{G}{3}\right)\frac{\partial}{\partial x_1}\nabla\mathbf{u}+\mu\varDelta\mathbf{u}\end{aligned} \tag{4-71}$$

x_2, x_3 方向についても同様に解くと，最終的に以下の式を得る．

126   4   膨潤と収縮

$$\frac{\partial}{\partial t}\mathbf{u} = \frac{1}{f}\nabla\cdot\tilde{\mathbf{\sigma}} = \frac{1}{f}\begin{pmatrix}\left(K+\dfrac{G}{3}\right)\dfrac{\partial}{\partial x_1}\nabla\mathbf{u}+\mu\Delta\mathbf{u}\\[2mm]\left(K+\dfrac{G}{3}\right)\dfrac{\partial}{\partial x_2}\nabla\mathbf{u}+\mu\Delta\mathbf{u}\\[2mm]\left(K+\dfrac{G}{3}\right)\dfrac{\partial}{\partial x_3}\nabla\mathbf{u}+\mu\Delta\mathbf{u}\end{pmatrix} \tag{4-72}$$

ここで，簡単のために，ゲルが球状であるとしよう．すると，変位ベクトル $\mathbf{u}$ は以下のように書ける．

$$\mathbf{u}(\mathbf{r},t) = u(r,t)\frac{\mathbf{r}}{r} \tag{4-73}$$

ここで，$\mathbf{r}/r$ は $\mathbf{r}$ の方向を向いた単位ベクトルになっていることに気をつけよう．球の対称性により，変位は原点からの距離 r によってのみ規定されることとなるので，$\mathbf{r}/r$ により方向を定めれば，$u(r,t)$ により球の内部のすべての変位を記述することが可能となる．球対称であることを考慮すると，以下のような関係が得られる．

$$\frac{\partial}{\partial x_1} = \frac{\partial}{\partial x_2} = \frac{\partial}{\partial x_3} = \frac{\partial}{\partial r} \tag{4-74}$$

よって，式（4-72）は以下のように書くことができる．

$$\frac{\partial u(r,t)}{\partial t}\frac{\mathbf{r}}{r} = \frac{1}{f}\left(\left(K+\frac{G}{3}\right)\frac{\partial}{\partial r}\nabla u(r,t)+G\Delta u(r,t)\right)\frac{\mathbf{r}}{r} \tag{4-75}$$

よって，明らかに，

$$\frac{\partial u(r,t)}{\partial t} = \frac{1}{f}\left[\left(K+\frac{G}{3}\right)\frac{\partial}{\partial r}\nabla u(r,t)+G\Delta u(r,t)\right] \tag{4-76}$$

球の対称性より，

$$\frac{\partial}{\partial r}\nabla = \Delta \tag{4-77}$$

最終的に，以下の式を得ることができる．

$$\frac{\partial u(r,t)}{\partial t} = \frac{1}{f}\left(K + \frac{4G}{3}\right)\frac{\partial}{\partial r}\Delta u(r,t) = D\frac{\partial}{\partial r}\left[\frac{1}{r^2}\frac{\partial}{\partial r}(r^2 u)\right] \quad (4\text{-}78)$$

ここでは，3次元極座標系での Δ の表式を用い，角度方向の対称性により，角度成分の偏微分項を無視した．この式は，単純な拡散方程式と似た形をしているため，膨潤方程式と呼ばれ，D はゲル網目の協同拡散係数と呼ばれる．

$$D = \frac{K + \dfrac{4G}{3}}{f} \quad (4\text{-}79)$$

式 (4-78) を解くために，初期状態 ($t=0$) について考えよう．初期の半径を a_0，平衡膨潤状態の半径を a_∞ とし，任意の半径 r の点の膨潤前後のひずみ ($u(r,0)$) について考える．ここで重要なのは，平衡膨潤状態を基準状態としてひずみを記述する必要がある点である（図 4-15）．なぜならば，平衡膨潤状態は $\Pi=0$ のまさに平衡状態であるのに対して，初期状態は浸透圧 Π_0 をもっており，平衡状態にないためである．すなわち，初期状態の方が，浸透圧 Π_0 により半径 a_0 までひずまされた状態であると考えるべきである．すると，平衡膨潤後のある点 r の，初期状態でのひずみは以下のように書ける．

$$u(r,0) = (a_\infty - a_0)\frac{r}{a_\infty} = \Delta a \frac{r}{a_\infty} \quad (4\text{-}80)$$

このひずみは，浸透圧 Π_0 によって与えられるものであるので，以下の関係式が成立する．

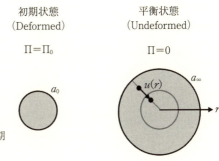

図 4-15　平衡膨潤状態を基準とした初期状態のひずみ

$$\Pi_0 = K \cdot \frac{\mathrm{d}V}{V} = K \cdot 3\frac{\mathrm{d}r}{r} = 3K \cdot \frac{u(r,0)}{r} = 3K \cdot \frac{\Delta a}{a_\infty} \tag{4-81}$$

次に，境界条件について考えるために，球の法線方向に働く力について考えよう．法線方向の変形量 $\mathrm{d}u/\mathrm{d}r$ は，式（4-61）と同様に体積変形量（$\mathrm{d}u_{\mathrm{vol}}/\mathrm{d}r$）と体積一定での変形量（$\mathrm{d}u_{\mathrm{eq}}/\mathrm{d}r$）に分けられる．

$$\frac{\mathrm{d}u}{\mathrm{d}r} = \frac{\mathrm{d}u_{\mathrm{vol}}}{\mathrm{d}r} + \frac{\mathrm{d}u_{\mathrm{eq}}}{\mathrm{d}r} \tag{4-82}$$

体積変形量は，式（4-64）と同様にして，以下のように求められる．

$$\frac{\mathrm{d}u_{\mathrm{vol}}}{\mathrm{d}r} = \frac{1}{3}\mathrm{div}u = \frac{1}{3}\frac{1}{r^2}\frac{\mathrm{d}}{\mathrm{d}r}(r^2 u) = \frac{1}{3}\left(\frac{\mathrm{d}u}{\mathrm{d}r} + \frac{2u}{r}\right) \tag{4-83}$$

式（4-82），（4-83）より，$\mathrm{d}u_{\mathrm{eq}}/\mathrm{d}r$ については，以下のように書ける．

$$\frac{\mathrm{d}u_{\mathrm{eq}}}{\mathrm{d}r} = \frac{2}{3}\left(\frac{\mathrm{d}u}{\mathrm{d}r} - \frac{u}{r}\right) \tag{4-84}$$

球においては，u_{vol} は法線方向の，u_{eq} は接線方向のひずみであることを考慮すると，法線方向への応力 σ_{rr} は以下のように書ける．

$$\begin{aligned}
\sigma_{rr} &= 3K\frac{\mathrm{d}u_{\mathrm{vol}}}{\mathrm{d}r} + 2\mu\frac{\mathrm{d}u_{\mathrm{eq}}}{\mathrm{d}r} = K\left(\frac{\mathrm{d}u}{\mathrm{d}r} + \frac{2u}{r}\right) + 2\mu \cdot \frac{2}{3}\left(\frac{\mathrm{d}u}{\mathrm{d}r} - \frac{u}{r}\right) \\
&= \left(K + \frac{4}{3}\mu\right)\frac{\mathrm{d}u}{\mathrm{d}r} + 2\left(K - \frac{2}{3}\mu\right)\frac{u}{r}
\end{aligned} \tag{4-85}$$

溶液に浸漬した後には，ゲル表面は自由端であり，応力は 0 となるために，初期状態において，以下の式が成立する．

$$\sigma_{rr}|_{r=a} = 0 \tag{4-86}$$

式（4-81）と式（4-86）をそれぞれ初期値条件，境界条件として，実際に式（4-78）を解くと，以下の解が得られる．

$$u(r,t) = \sum_n F_n(r)\exp(-Dk_n{}^2 t) \tag{4-87}$$

ここで，$F_n(r)$ と k_n は以下のように表される．

$$F_n(r) = -6\frac{\varDelta a}{a_\infty}\frac{(-1)^n}{k_n}\left[\frac{\cos k_n r}{k_n r} - \frac{\sin k_n r}{(k_n r)^2}\right] \tag{4-88}$$

$$k_n = \frac{n\pi}{a_\infty} \tag{4-89}$$

今，求めたいのはゲル末端の変形の様子（$a(t)$）であり，最終的に a_∞ に落ち着く点（ゲル端）が，時間 t においてどのくらい変形しているかを表す $u(a_\infty, t)$ を用いて，以下のように表すことができる．

$$a(t) = a_\infty + u(a_\infty, t) \tag{4-90}$$

式 (4-87)，(4-88)，(4-89) より，興味ある関数である，$u(a_\infty, t)$ は，以下のように記述される．

$$\begin{aligned}
u(a_\infty, t) &= -6\varDelta a\sum_n \frac{(-1)^n}{n\pi}\left[\frac{\cos n\pi}{n\pi} - \frac{\sin n\pi}{(n\pi)^2}\right]\exp(-Dk_n{}^2 t)\\
&= -6\varDelta a\sum_n \frac{1}{(n\pi)^2}\exp\left(-D\left(\frac{n\pi}{a_\infty}\right)^2 t\right) = -\varDelta a\sum_n \frac{6}{(n\pi)^2}\exp\left(-n^2\frac{t}{\tau_1}\right)\\
&= -\varDelta a\sum_n u_n
\end{aligned} \tag{4-91}$$

ここで，τ_1 は最長緩和時間であり，以下のように書ける．

$$\tau_1 = \frac{a_\infty{}^2}{\pi^2 D} \tag{4-92}$$

また，u_n は以下のように表される．

$$u_n = \frac{6}{(n\pi)^2}\exp\left(-n^2\frac{t}{\tau_1}\right) \tag{4-93}$$

ここで，$u(a_\infty, t)$ の性質を理解するために，u_n について調べてみよう．

図 4-16 に，$\varDelta a$ で規格化した $u(a_\infty, t)$ と，$u_n(n=1, 2, 5)$ を t/τ_1 に対してプロットする．式の形からも明らかなように，n の増大に伴い，u_n の絶対値は減少し，減衰速度も大きくなる．このグラフより，ゲルの長時間の緩和挙動

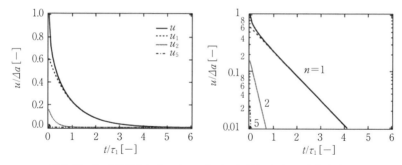

図 4-16　Δ_a で規格化した u と u_n を t/τ_1 に対してプロットしたもの

($t>\tau_1$) に対して $n\geq 2$ の u_n の影響は小さく，u_1 についてのみ考えればよいことがわかる．結果として，球状ゲルの体積変化は以下のような式で近似できる．

$$\frac{a_\infty - a(t)}{a_\infty - a_0} \cong \frac{6}{\pi^2}\exp\left(-\frac{t}{\tau_1}\right) \tag{4-94}$$

実験的には，$(a_\infty - a(t))/(a_\infty - a_0)$ を t に対して対数プロットし，長時間側で切片を $6/\pi^2$ に固定した近似直線の傾きを取ることで，τ_1 を求めることができる．式（4-92）より，τ_1 は $a_\infty{}^2$ に比例することに注意しよう．ゲルの膨潤収縮の速度はゲルが大きくなると，その 2 乗に比例して遅くなる．

また，式（4-79）より求められる協同拡散係数 D は，動的光散乱法により測定される協同拡散係数とある程度の一致を示すことが知られている[25, 26]．D に対して Stokes-Einstein の式（6-2-1 項参照）を用いることにより，D よりブロッブサイズと呼ばれる距離相関 ξ を求めることができる．

$$\xi = \frac{k_\mathrm{B}T}{6\pi\eta D} \tag{4-95}$$

ここで，η は溶媒の粘度である．この値は，時に網目サイズと混同されることがあるが，これをいわゆる網目サイズと関係づけるのは早計である．なぜならば，第 3 章にて示したように，網目を記述するパラメーターである架橋点密度や有効網目密度はずり弾性率（G）と関係付けられるためである．ξ は，むしろ体積弾性率 K と溶媒と網目の摩擦係数 f の影響を強く受け（式（4-

79)），K は浸透圧 Π_0 と式（4-81）により関係付けられる．ここで求められるブロッブは，むしろ第 2 章で紹介した高分子溶液ブロッブに近い概念であると考える方が正しい（式（2-15），（2-62））．

4-5　高分子ゲルの分解挙動

　物質の分解挙動は 2 種類に大別され，1 つは表面分解，もう 1 つはバルク分解と呼ばれる．表面分解とは，その名の通り，表面から溶けていく分解の仕方のことを言う．水中において氷砂糖が表面から溶けていく様子が，表面分解の好例であり，多くの固体は表面分解によって分解する．一方で，多くの高分子ゲルは，バルク分解によって分解される．バルク分解とは，表面からのみならず，全体が均一に壊れていく挙動のことであ．高分子ゲルは溶媒を多く含み，内部における物質の拡散挙動は，よほど大きな分子でない限りは，自由溶液中と大差ない．そのために，何かしらの刺激によってゲルが壊れるとき，ゲル表面とゲル内部で状態に差が生まれにくく，結果としてバルク分解挙動をとることになる．よって，バルク分解は，高分子ゲルに特異的な分解挙動であるといえる．

4-5-1　部位特異的切断による分解

　バルク分解の結果として，ゲルの形状はどのように変化していくのであろうか？　問題の本質を捉えるために，以下の簡単な例について考えてみよう．ここに，理想的な 4 分岐網目構造を有するハイドロゲルが存在し，それぞれの部分鎖には，ある一定の割合（r_{deg}）で，1 ヵ所だけ加水分解により容易に切断されうる結合が存在する．このゲルを水に浸し，加水分解が進行する状況について考える．ここで問題になる点は，このゲルが作製されたままの状態であるとすれば，4-2 節で示したように，ゲルは水中で膨潤するという点である．すなわち，膨潤と加水分解が競合して起こるため，ゲルの膨潤の緩和時間と，加水分解性部位の半減期の関係性について考える必要がある．ここでは，ゲルのサイズが十分に小さく，ゲルの膨潤の緩和時間は加水分解の半減期と比べて十分に小さいとする．実際に，ゲルのサイズが 1 mm 程度の球であるとすれば，膨潤にかかる時間スケールは数分程度であり，この条件を

十分に満たすことができる（式（4-92））．よって，ゲルを水に浸した数分後
には，ゲルは平衡膨潤状態に到達し，その後，加水分解によって徐々に部分
鎖が切断されていくという過程を考えればよいことになる．

　部分鎖の切断は，網目の結合性の低下を意味するために，弾性率（もしく
は弾性圧）を低下させる．その結果として，ある時間の後には，初期の弾性
圧と膨潤圧の平衡が崩れる．今，膨潤過程は分解過程よりも十分速いと仮定
しているために，弾性率が低下するや否や，ゲルは膨潤し，そのときの平衡
膨潤状態に至る．すなわち，バルク分解においては，分解とともにゲルは膨
潤し，最終的には完全に溶解するという挙動を示す．

　加水分解による分解速度定数を k_{deg} とし，1 次反応的に分解するとすれば，
ある時間（t）において，架橋点間の部分鎖が結合している確率（p）は以下の
ように書くことができる．

$$p(t) = p_0 \cdot (1 - r_{\mathrm{deg}} + r_{\mathrm{deg}} \exp(-k_{\mathrm{deg}} t)) \tag{4-96}$$

p_0 は初期の結合率であり，理想的な網目の場合は 1 である．ファントムネッ
トワークモデル（式（3-35））と樹状構造理論（式（3-47），（3-48））を用い
ると，弾性率の時間変化（$G(t)$）は $p(t)$ を用いて以下のように書ける．

$$G(t) = \xi kT = \left(\frac{1}{2}P(X_3) + P(X_4)\right)ckT = (1 + P(F))(1 - P(F))^3 ckT$$

$$= \left(\frac{3}{2} - \sqrt{\frac{1}{p(t)} - \frac{3}{4}}\right)^3 \left(\frac{1}{2} + \sqrt{\frac{1}{p(t)} - \frac{3}{4}}\right)ckT \tag{4-97}$$

ここで c は，4 分岐ユニットの数密度（m^{-3}）である．一方で，弾性圧は，常
に浸透圧とつり合っているとすれば，式（4-48）を用いて ξ と膨潤率（Q）を
以下のように関係付けることができる．

$$\xi = -\frac{\dfrac{\phi_0}{Q} + \ln\left(1 - \dfrac{\phi_0}{Q}\right) + \chi\left(\dfrac{\phi_0}{Q}\right)^2}{V_1 Q^{\frac{1}{3}}} \tag{4-98}$$

　筆者らは，p_0 が一定（$p_0 \approx 0.9$）で r_{deg} が異なるサンプルに対して分解実験
を行い，実験的に得られた膨潤度より，式（4-98）を用いて ξ の時間発展を

求めた[27]. 続いて, 式 (4-96), (4-97) を用いて ξ の時間発展を再現することを試みた結果, ユニバーサルな k_{deg} の値を用いることにより, 実験結果が再現可能であることが示された.

また, 実験的に得られたゲルが完全に分解したときの時間 (t_{deg}) から, ゲルからゾルになる臨界点での結合率を計算した結果, 4 分岐網目に対して $p_c = 0.46$ という値を得た. この値は, ダイヤモンド格子の臨界結合率や同様の 4 分岐網目のゲル化臨界の結合率 (3-6 節参照) よりは多少高いものの, おおよそ近い値であった. このように, 分解部位の分解速度定数を適切に定めれば, これまでに学んだいくつかの取り扱いを組み合わせることで, ゲルの分解挙動について定量的に議論することが可能であることが強く示唆された.

この取り扱いの適用範囲については注意が必要である. その理由の第 1 点は, 分解に伴う高分子のゲルからの溶出の効果が考慮されていないからである. ゲルから抜け出していく高分子の割合 (ゾルフラクション ϕ_{sol}) は, やはり樹状構造近似を用いると, ラフにではあるが見積もることができる. ϕ_{sol} は, ある 4 分岐ユニットの 4 本のどの腕もゲル本体につながっていない確率と表現することができるために, 以下の式で表される.

$$\phi_{\mathrm{sol}} = P(F)^4 = \left(\sqrt{\frac{1}{p} - \frac{3}{4}} - \frac{1}{2} \right)^4 \tag{4-99}$$

p がある程度高い領域では $P(F)$ は小さいために, ϕ_{sol} は無視できるほど小さい. よって, この領域でのゲル中の高分子体積分率は, ϕ_0 / Q で書き表すことができる. もう 1 つの注意すべき点は, 樹状構造理論により弾性率と結合率を対応させられる範囲についてである. こちらについても, $p > 0.75$ 程度の範囲であれば, ある程度正確に予測できることが示されている[28]. 以上より, 分解のある程度初期の範囲 (4 分岐網目であれば, 最大の弾性率のおおよそ半分の弾性率までの区間が目安) に対して取り扱う必要があることがわかる.

4-5-2 非特異的切断による分解

前項では, ゲルの網目中に易分解性の部位が存在する場合の分解挙動について述べた. それに対してここでは, あらわに分解しやすい部位が存在しな

い網目の分解挙動について取り扱う．この状況は，たとえばゲルを長期安定的に利用したい場合に，どのくらいの期間，ゲルが安定に存在しうるかを予測するときに対応している．具体的に，架橋点間重合度が N である理想的な4分岐網目構造について考えてみよう．このゲルの網目は化学的に比較的安定な炭素間単結合やエーテル結合からなるが，これら安定な結合であれ，小さいが有限の分解速度定数（k_m）を持っている．すなわち，長期の使用においては，少なからず分解する可能性を有している．

　ここで，前項で取り扱った問題をもう一度思い出してみよう．前項では，架橋点間にただ1つの易分解性部位があり，その切断により，架橋点間のつながりが断たれてしまった．すなわち，架橋点間のつながりを断つためには，架橋点をつなぐ鎖のどこかが切断されれば十分である．非特異的分解の場合は，すべてのモノマーユニットが切断される可能性を有するために，架橋点間のつながりを維持するためには，すべてのモノマーユニットが破綻なくつながっている必要がある．すなわち，架橋点間重合度が N である高分子によってつながれていた架橋点間が，時間 t の後になおつながっている確率は以下のように書くことができる[29]．

$$[\exp(k_m t)]^N = \exp(N k_m t) = \exp(k_{net} t) \tag{4-100}$$

ここで，すべての結合は擬一次反応的に分解（k_m：分解速度定数）すると仮定した．式（4-100）より，3次元網目のもつ見かけの分解速度定数 k_{net} は，$N k_m$ となることがわかる．N が一般に100程度のオーダーであるので，このモデルが正しいとすれば，網目はモノマーユニット自体の分解速度の100倍程度の速度で分解されていくことになる．

　筆者らは，実際に N の異なるいくつかの高分子ゲルを作製し，この仮説の実験的検証を行った．前節と同様に，膨潤度の時間変化から k_{net} と N の関係を求めたところ，確かに直線関係が得られた．この結果より，このモデルは高分子ゲルの分解挙動を高い精度で再現できることが示された．N は一般に100程度の値であるために，たとえ k_m が小さいとしても，k_{net} は $100\,k_m$ 程度となる．ゆえに，高分子ゲルは本質的に非特異的な分解の影響を強く受ける材料であるといえる．そのために，長期的な使用の際には必ず分解することを考慮しなくてはならない．

参考文献

[1] Panyukov, S. V.; Scaling Theory of High Elasticity *Zh Eksp Teor Fiz*+**1990**, 98, 668-680.

[2] Obukhov, S. P.; Rubinstein, M.; Colby, R. H.; Network Modulus and Superelasticity *Macromolecules* **1994**, 27, 3191-3198.

[3] Sakai, T.; Kurakazu, M.; Akagi, Y.; Shibayama, M.; Chung, U.; Effect of swelling and deswelling on the elasticity of polymer networks in the dilute to semi-dilute region *Soft Matter* **2012**, 8, 2730-2736.

[4] Urayama, K.; Kawamura, T.; Kohjiya, S.; Structure-mechanical property correlations of model siloxane elastomers with controlled network topology *Polymer* **2009**, 50, 347-356.

[5] Urayama, K.; Kohjiya, S.; Uniaxial elongation of deswollen polydimethylsiloxane networks with supercoiled structure *Polymer* **1997**, 38, 955-962.

[6] Urayama, K.; Yokoyama, K.; Kohjiya, S.; Low-temperature behavior of deswollen poly (dimethylsiloxane) networks *Polymer* **2000**, 41, 3273-3278.

[7] Katashima, T.; Asai, M.; Urayama, K.; Chung, U. I.; Sakai, T.; Mechanical properties of tetra-PEG gels with supercoiled network structure *J Chem Phys* **2014**, 140.

[8] Ferry, J. D.; *Viscoelastic Properties of Polymers*. Wiley: 1980.

[9] Flory, P. J.; *Principles of polymer chemistry*. Cornell University Press: Ithaca, 1953.

[10] Hild, G.; Okasha, R.; Macret, M.; Gnanou, Y.; Relationship between elastic modulus and volume swelling degree of polymer networks swollen to equilibrium in good diluents, 4. Interpretation of experimental results on the basis of scaling concepts *Die Makromolekulare Chemie* **1986**, 187, 2271-2288.

[11] Katashima, T.; Chung, U.-i.; Sakai, T.; Effect of Swelling and Deswelling on Mechanical Properties of Polymer Gels *Macromolecular Symposia* **2015**, 358, 128-139.

[12] Richards, R. W.; Davidson, N. S.; Scaling analysis of mechanical and swelling properties of random polystyrene networks *Macromolecules* **1986**, 19, 1381-1389.

[13] Sakai, T.; Kurakazu, M.; Akagi, Y.; Shibayama, M.; Chung, U.-i.; Effect of swelling and deswelling on the elasticity of polymer networks in the dilute to semi-dilute region *Soft Matter* **2012**, 8, 2730-2736.

[14] Zrinyi, M.; Horkay, F.; On the elastic modulus of swollen gels *Polymer* **1987**, 28, 1139-1143.

[15] Gnanou, Y.; Hild, G.; Rempp, P.; Molecular-Structure and Elastic Behavior of Poly (Ethylene Oxide) Networks Swollen to Equilibrium *Macromolecules* **1987**, 20, 1662-1671.

[16] Benoit, H.; Strazielle, C.; Benmouna, M.; An Evaluation of the Flory Chi-Parameter as a Function of Concentration Using the Polymer-Solution Scattering-Theory *Acta Polym* **1988**, 39, 75-79.

[17] Candau, F.; Strazielle, C.; Benoit, H.; Use of Osmotic-Pressure to Study Linear and Branched Polystyrenes in Solution-Determination of Thermodynamic Parameters *Eur Polym J* **1976**, 12, 95-103.

[18] Peppas, N. A.; Merrill, E. W.; Determination of Interaction Parameter-Chi-1 for Poly

（vinyl-Alcohol）and Water in Gels Crosslinked from Solutions *J Polym Sci Pol Chem* **1976**, 14, 459-464.

[19] Li, X.; Tsutsui, Y.; Matsunaga, T.; Shibayama, M.; Chung, U.; Sakai, T.; Precise Control and Prediction of Hydrogel Degradation Behavior *Macromolecules* **2011**, 44, 3567-3571.

[20] Li, X.; Kondo, S.; Chung, U. I.; Sakai, T.; Degradation Behavior of Polymer Gels Caused by Nonspecific Cleavages of Network Strands *Chem Mater* **2014**, 26, 5352-5357.

[21] Tanaka, T.; Collapse of Gels and Critical Endpoint *Phys Rev Lett* **1978**, 40, 820-823.

[22] Hirokawa, Y.; Tanaka, T.; Volume Phase-Transition in a Nonionic Gel *J Chem Phys* **1984**, 81, 6379-6380.

[23] Vidyasagar, A.; Majewski, J.; Toomey, R.; Temperature Induced Volume-Phase Transitions in Surface-Tethered Poly（N-isopropylacrylamide）Networks *Macromolecules* **2008**, 41, 919-924.

[24] Katayama, S.; Hirokawa, Y.; Tanaka, T.; Reentrant Phase-Transition in Acrylamide-Derivative Copolymer Gels *Macromolecules* **1984**, 17, 2641-2643.

[25] Tanaka, T.; Fillmore, D. J.; Kinetics of Swelling of Gels *J Chem Phys* **1979**, 70, 1214-1218.

[26] Kamata, H.; Chung, U. I.; Sakai, T.; Shrinking Kinetics of Polymer Gels with Alternating Hydrophilic/Thermoresponsive Prepolymer Units *Macromolecules* **2013**, 46, 4114-4119.

[27] Li, X.; Tsutsui, Y.; Matsunaga, T.; Shibayama, M.; Chung, U.; Sakai, T.; Precise control and prediction of hydrogel degradation behavior *Macromolecules* **2011**, 44, 3567-3571.

[28] Nishi, K.; Chijiishi, M.; Katsumoto, Y.; Nakao, T.; Fujii, K.; Chung, U.; Noguchi, H.; Sakai, T.; Shibayama, M.; Rubber Elasticity for Incomplete Polymer Networks *Journal of Chemical Physics* **2012**, 137, 224903.

[29] Li, X.; Kondo, S.; Chung, U.; Sakai T.; Degradation behavior of polymer gels caused by nonspecific cleavages of network strands *Chemistry of Materials* **2014**, 26, 5352-5357.

5 応力-延伸の関係

5-1 変形の記述の仕方

ここではまず，大変形の力学を取り扱う際に重要な概念となるひずみテンソルについて学ぶ．ひずみテンソルとは，連続体の一般的な変形を記述するテンソルである．3次元空間で物質を変形させるのであるのだから，3次元ベクトルで十分に変形が記述できるのでは？と思う人がいるかもしれない．それはある意味で的を射ているのであるが（実は，3つの不変量という独立なパラメーターですべての変形は記述できる），ただの3次元ベクトルでは連続体の変形を記述するには不十分である．まずは，連続体の変形を記述する一般的な方法論について学ぼう（ここでのひずみテンソルの取り扱いは4-4節よりも丁寧かもしれない）．

5-1-1 変位ベクトル

外力は物体を「移動」させ「変形」させる．連続体の移動と変形は，空間ベクトルを用いて記述ができる．物体上のある点 A の初期位置ベクトル $\mathbf{P}_0$ を以下のように書く．

$$\mathbf{P}_0 = \sum_{i=1}^{3} x_i^0 \mathbf{e}_i \qquad (i = 1, 2, 3) \tag{5-1}$$

ここで，$\mathbf{e}_i$ は各座標軸方向の単位基底ベクトル，x_i^0 は各々のベクトルの初期の大きさである．変形後にこの点は，$\mathbf{P}$ に移るとしよう．

$$\mathbf{P} = \sum_{i=1}^{3} x_i \mathbf{e}_i \tag{5-2}$$

ここで x_i は，変形後のベクトルの大きさである．よって，変形前後の変位ベクトル $\mathbf{u}$（＝点 A の移動量）は次のように書ける．

$$\mathbf{u}(x_1, x_2, x_3) = \mathbf{P} - \mathbf{P}_0 = \sum_{i=1}^{3}(x_i - x_i^0)\mathbf{e}_i \tag{5-3}$$

5-1-2 ひずみテンソル

図 5-1 の点線で示した 2 つの四角形を見てみると，元は同じ形状であるものの，初期の配置によって，異なる変形をしていることがわかる．つまり，上の四角形は，角度不変で長さだけが変化しているのに対して，下の四角形は角度も長さも変化している．この図より，変形は「伸び縮み」と「角度変化」の 2 つに分類することができることが示唆される．連続体の力学ではそれぞれの変形を「垂直ひずみ」，「せん断ひずみ」と呼ぶ．各々について，変位ベクトルを用いてどのように記述できるか考えてみよう．

(a) 垂直ひずみ

垂直ひずみは，単純な伸び縮みを表す変形であるので，3 次元の場合でも x_1, x_2, x_3 方向の各々のひずみについて独立に取り扱うことが可能である．簡

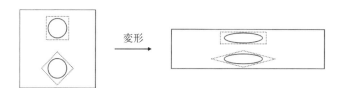

図 5-1　物質の変形
同じ変形でも見方によって異なる変形のようにみえる．

図 5-2　垂直ひずみ

単のために，まずは1次元空間における，両端を$x_1, x_1+\mathrm{d}x_1$とする線分（長さ$\mathrm{d}x_1$）の変形について考えよう（図5-2）．軸方向の延伸ひずみをε_1とすると，変形後の要素の長さは$(1+\varepsilon_1)\mathrm{d}x_1$となる．両末端の変形前後の変位量（1次元なので変位ベクトルではない）を$u_1(x), u_1(x+\mathrm{d}x)$とすれば，変形後の線分右端の座標は，$x_1+u_1(x_1)+(1+\varepsilon_1)\mathrm{d}x_1$，もしくは$x_1+\mathrm{d}x_1+u_1(x_1+\mathrm{d}x_1)$となる．

2つを等号で結んで解けば，ε_1を以下のように表すことができる．

$$\varepsilon_1 = \frac{u_1(x_1+\mathrm{d}x_1)-u_1(x_1)}{\mathrm{d}x_1} \tag{5-4}$$

ε_1について線分の長さが0の極限を取ると，ある点におけるひずみを求めることができる．

$$\lim_{\mathrm{d}x_1 \to 0} \varepsilon_1 = \lim_{\mathrm{d}x_1 \to 0} \frac{u_1(x_1+\mathrm{d}x_1)-u_1(x_1)}{\mathrm{d}x_1} = \frac{\mathrm{d}u_1}{\mathrm{d}x_1} \tag{5-5}$$

この議論は，3次元物体中の任意の点(x_1, x_2, x_3)についても拡張することができ，ある点におけるひずみは以下のように書くことができる．

$$\varepsilon_1(x_1, x_2, x_3) = \lim_{\mathrm{d}x_1 \to 0} \frac{u_1(x_1+\mathrm{d}x_1)-u_1(x_1)}{\mathrm{d}x_1} = \frac{\partial u_1}{\partial x_1} \tag{5-6}$$

垂直ひずみは，単純な伸縮変形であるために，ε_1について，x_2やx_3によるu_1の偏微分項は考慮する必要はない点に注意しよう．

(b) せん断ひずみ

せん断ひずみは，角度変化のみを取り扱う変形であるために，2次元平面上における正方形のひし形への変形が最も単純な例である（図5-3）．ここでは，せん断ひずみのみについて考えるので，変形によって線分の長さは変化せず，直角であったものがx_1, x_2軸方向からそれぞれなす角α, βだけ角度変化を生じたとする（角度変化については，時計回りを正として定義する）．角度変化が微小だとすると，以下の式を得ることができる．

$$\alpha \simeq \sin \alpha = \frac{u_2(x_1 + \mathrm{d}x_1) - u_2(x_1)}{\mathrm{d}x_1} \tag{5-7}$$

さらに，$\mathrm{d}x_1$ が 0 の極限を取ると，ある点のせん断ひずみ（角度変化）を求めることができる．

$$\lim_{\mathrm{d}x_1 \to 0} \alpha = \lim_{\mathrm{d}x_1 \to 0} \frac{u_2(x_1 + \mathrm{d}x_1) - u_2(x_1)}{\mathrm{d}x_1} = \frac{\partial u_2}{\partial x_1} \tag{5-8}$$

同様に，β についても計算すると，

$$\beta = \frac{\partial u_1}{\partial x_2} \tag{5-9}$$

ここで注意することは，回転角である α, β が必ずしも「変形」に寄与しているわけではない点である．たとえば $\alpha = -\beta$ の場合，正方形の形状は保持されたまま全体が α だけ回転するだけである．よって，せん断ひずみを知るためには，回転角から回転成分を取り除き，純粋に変形に寄与している成分のみを取り出す必要がある．図 5-3 に示す変形は，以下に示すように，回転と変形の 2 つのプロセスに分けることができる．

1. そのままの形状で，時計回りに $(\beta - \alpha)/2$ だけ回転する

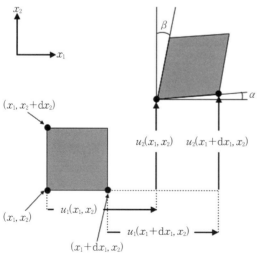

図 5-3　せん断ひずみ

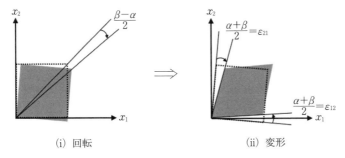

図 5-4　せん断ひずみは (i)回転と (ii)変形の2つのプロセスに分けられる

2. その後，両辺を $(\alpha+\beta)/2$ ずつ反対方向に回転させ（辺の長さは一定），変形させる

すなわち，正味の変形は，第2プロセスだけであると考えることができる．

固体を変形させることをイメージして欲しい．片側から力をかけるのみでは，固体は回転してしまう．純粋に変形させたい場合は，両側から同じだけの力をかける必要がある．プロセス2はまさにそのやり方で変形をかけている状態である．一般的に，2辺が α, β だけ回転した場合，回転成分は $(\beta-\alpha)/2$，変形成分は，$(\alpha+\beta)/2$ となる．回転のプロセスを除いて考えると上記の制約より，x_1 軸からのずれも x_2 軸からのずれも，いずれも $(\alpha+\beta)/2$ となることにも注意しよう．図 5-3 の図において，x_1 軸，x_2 軸方向と垂直な方向の変形ひずみを $\varepsilon_{12}, \varepsilon_{21}$ と呼ぶ．ε_{12} はつまりは，x_1 軸と x_2 軸からなる面内において，x_1 方向に向いていたベクトルが x_2 方向にどれだけ回転したかを示し，次のように記述できる．

$$\varepsilon_{12}(x_1, x_2, x_3) = \varepsilon_{21}(x_1, x_2, x_3) = \frac{\alpha+\beta}{2} = \frac{1}{2}\left(\frac{\partial u_1}{\partial x_2} + \frac{\partial u_2}{\partial x_1}\right) \quad (5\text{-}10)$$

ここで，垂直ひずみに対して，以下のように少しだけ表記を変更し定義すると，

$$\varepsilon_1(x_1, x_2, x_3) = \varepsilon_{11}(x_1, x_2, x_3) = \frac{1}{2}\left(\frac{\partial u_1}{\partial x_1} + \frac{\partial u_1}{\partial x_1}\right) \quad (5\text{-}6')$$

ひずみは9つの成分からなるひずみテンソルとして記述することが可能とな

る．

$$\varepsilon_{ij} = \frac{1}{2}\left(\frac{\partial u_i}{\partial x_j}+\frac{\partial u_j}{\partial x_i}\right) = \begin{pmatrix} \dfrac{\partial u_1}{\partial x_1} & \dfrac{1}{2}\left(\dfrac{\partial u_1}{\partial x_2}+\dfrac{\partial u_2}{\partial x_1}\right) & \dfrac{1}{2}\left(\dfrac{\partial u_1}{\partial x_3}+\dfrac{\partial u_3}{\partial x_1}\right) \\ \dfrac{1}{2}\left(\dfrac{\partial u_2}{\partial x_1}+\dfrac{\partial u_1}{\partial x_2}\right) & \dfrac{\partial u_2}{\partial x_2} & \dfrac{1}{2}\left(\dfrac{\partial u_2}{\partial x_3}+\dfrac{\partial u_3}{\partial x_2}\right) \\ \dfrac{1}{2}\left(\dfrac{\partial u_3}{\partial x_1}+\dfrac{\partial u_1}{\partial x_3}\right) & \dfrac{1}{2}\left(\dfrac{\partial u_3}{\partial x_2}+\dfrac{\partial u_2}{\partial x_3}\right) & \dfrac{\partial u_3}{\partial x_3} \end{pmatrix}$$
(5-11)

ひずみテンソルは，定義から明らかなように対称テンソル（$\varepsilon_{ij}=\varepsilon_{ji}$）であるため，9つの変数のうち6つが独立したひずみ成分である．

5-1-3 ひずみの主方向と主ひずみ

　図5-1に示す，ゲルの1軸延伸を示した図において全体の変形により円は楕円に変形している．一方で，異なる角度で配置した四角形は，一方は直角形に，もう一方はひし形に変形している．全体の変形は一様であるために，本質的にはこの3つの変形は同等であるはずであるが，一見してそれぞれが異なった変形に見える．この違いは正確には，全体の変形を表している「ひずみテンソル」は唯一であるにもかかわらず，「座標系によってテンソル成分」が異なるということになるが，良い座標の取り方をすれば，変形の記述が楽になるという言い方もできる．実は，どんな変形状態も座標系を適当にとってやれば，垂直ひずみとして捉えることが可能である（このときの伸び縮み方向を「ひずみの主方向」と呼ぶ）．

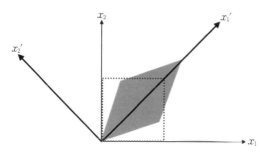

図5-5　軸の取り直しによってせん断ひずみも垂直ひずみとみなせる

5-1 変形の記述の仕方 143

　たとえば，純粋なせん断変形であっても，もちろん軸の取り方によっては，純粋な垂直変形に変換できる．実際に，やってみよう．図5-5は，x_1, x_2 からなる直交座標系でみると，せん断ひずみ変形により，正方形がひし形となっている．しかし，座標系を回転させ，2本の対角線と平行な，x_1', x_2' からなる直交座標系に取り直すと，この変形は x_1' と x_2' 軸方向へのそれぞれ延伸と圧縮変形となる．この例より，一般の変形も，適切な軸を取り直すことにより，垂直変形としてみなせることがなんとなく理解できたであろう．

　次に，ひずみテンソル (ε_{ij}) で表される一般の変形に対して，垂直変形と見なせるような適切な3つの独立なベクトル $\mathbf{x}_1, \mathbf{x}_2, \mathbf{x}_3$ を見つけることができたとして話を進めよう．適切な軸の下では，すべての表面にはせん断変形成分が発生しておらず，法線方向のみの変形しか生じていない．よって，ある面の垂直方向についての変形量 (δx_i) を以下のように表すことができる．

$$1 + \frac{\delta x_i}{x_i} = \lambda_i \quad (\text{constant}) \tag{5-12}$$

ここで，λ_i は i 軸方向に対しての延伸比であり，テンソル ε_{ij} を $\mathbf{x}_1$ に作用させた結果は以下のように表されることとなる．

$$\begin{pmatrix} \varepsilon_{11} & \varepsilon_{12} & \varepsilon_{13} \\ \varepsilon_{21} & \varepsilon_{22} & \varepsilon_{23} \\ \varepsilon_{31} & \varepsilon_{32} & \varepsilon_{33} \end{pmatrix} \mathbf{x}_1 = \lambda_1 \mathbf{x}_1 \tag{5-13}$$

よって，逆に一般の $\mathbf{x}_i$ と λ_i に対して式 (5-13) を解くことにより，3つの $\mathbf{x}_i$ と λ_i のセットを求めることができる．この操作は数学的にはひずみテンソルの固有値・固有ベクトルを求めることに相当する．

$$\begin{pmatrix} \varepsilon_{11}-\lambda & \varepsilon_{12} & \varepsilon_{13} \\ \varepsilon_{21} & \varepsilon_{22}-\lambda & \varepsilon_{23} \\ \varepsilon_{31} & \varepsilon_{32} & \varepsilon_{33}-\lambda \end{pmatrix} = 0$$

$$\{(\varepsilon_{11}-\lambda)(\varepsilon_{22}-\lambda)(\varepsilon_{33}-\lambda) + \varepsilon_{12}\varepsilon_{23}\varepsilon_{31} + \varepsilon_{13}\varepsilon_{21}\varepsilon_{32}\}$$
$$- \{\varepsilon_{13}(\varepsilon_{22}-\lambda)\varepsilon_{31} + \varepsilon_{23}\varepsilon_{32}(\varepsilon_{11}-\lambda) + (\varepsilon_{33}-\lambda)\varepsilon_{12}\varepsilon_{21}\} = 0$$

$$\tag{5-14}$$

144　5　応力-延伸の関係

対称性より $\varepsilon_{ij}=\varepsilon_{ji}$ なので，以下のように変形することができる．

$$\lambda^3-(\varepsilon_{11}+\varepsilon_{22}+\varepsilon_{33})\lambda^2+(\varepsilon_{22}\varepsilon_{33}+\varepsilon_{33}\varepsilon_{11}+\varepsilon_{11}\varepsilon_{22}-\varepsilon_{11}{}^2-\varepsilon_{22}{}^2-\varepsilon_{33}{}^2)\lambda$$

$$+\begin{vmatrix}\varepsilon_{11} & \varepsilon_{12} & \varepsilon_{13}\\ \varepsilon_{12} & \varepsilon_{22} & \varepsilon_{23}\\ \varepsilon_{13} & \varepsilon_{23} & \varepsilon_{33}\end{vmatrix}=0 \tag{5-15}$$

この式は λ の 3 次方程式であり，$\lambda>0$ のときに 3 つの実解を持つ．

$$\lambda^3-I_1\lambda^2+I_2\lambda+I_3=0 \tag{5-16}$$

この式を解き，3 つある λ の解 λ_i を求め，式（5-12）に代入することで 3 つの $\mathbf{x}_i$ が決まる．このようにして求まる $\mathbf{x}_i$ がひずみの主軸であり，λ_i が主ひずみである．

　ここで，もう一度状況を確認しよう．このように，任意の変形テンソルに対し，3 セットのひずみの主軸（$\mathbf{x}_i$）と主ひずみ（λ_i）を決定することができる．λ_i が決まれば $\mathbf{x}_i$ は定まるために，任意の変形は基本的には 3 つの λ_i のみによって記述されているといえる．λ_i は式（5-16）の解であるから，I_1, I_2, I_3 の 3 つが定まれば，当然 3 つの λ_i も定まる．つまりは，変形は，I_1, I_2, I_3 の 3 つによって記述できる．式（5-15）と式（5-16）の比較より，I_1, I_2, I_3 は以下のように記述されることがわかる．

$$I_1=\varepsilon_{11}+\varepsilon_{22}+\varepsilon_{33}=\lambda_1{}^2+\lambda_2{}^2+\lambda_3{}^2 \tag{5-17}$$

$$I_2=\varepsilon_{22}\varepsilon_{33}+\varepsilon_{33}\varepsilon_{11}+\varepsilon_{11}\varepsilon_{22}-\varepsilon_{11}{}^2-\varepsilon_{22}{}^2-\varepsilon_{33}{}^2=\lambda_1{}^2\lambda_2{}^2+\lambda_2{}^2\lambda_3{}^2+\lambda_3{}^2\lambda_1{}^2$$
$$\tag{5-18}$$

$$I_3=\begin{vmatrix}\varepsilon_{11} & \varepsilon_{12} & \varepsilon_{13}\\ \varepsilon_{12} & \varepsilon_{22} & \varepsilon_{23}\\ \varepsilon_{13} & \varepsilon_{23} & \varepsilon_{33}\end{vmatrix}=\lambda_1{}^2\lambda_2{}^2\lambda_3{}^2 \tag{5-19}$$

I_i は座標軸のとり方によらず変化しないために，「変形の不変量」と呼ばれる．すなわち，初期に適当にとった軸において規定された（$\lambda_1, \lambda_2, \lambda_3$）を用いても，式（5-17），（5-18），（5-19）を用いて I_i を算出することができる（それは，正しい λ_i のセットを見つけるよりもはるかに簡単である）．I_1, I_2, I_3 の物理的な意味は，それぞれ一方向への平均的な変形率，変形による表面積の変化，

変形による体積変化であり，任意の変形はこれらの量によって規定されていると言い換えることもできる．

5-2 現象論的なひずみエネルギー密度関数

弾性体に均一な変形が印加された際に，単位体積あたりに貯蔵される弾性自由エネルギーのことをひずみエネルギー密度関数（W 関数）と呼ぶ．先ほど学んだように，弾性体のすべての変形は変形テンソルの不変量により記述されるため，W 関数は不変量の関数として記述されるはずである（$W = W(I_1, I_2, I_3)$）．ゲルやゴムのようなソフトマターは，体積を変化させるのに必要な体積弾性率と比較して弾性率が小さいので，変形の前後で体積が変化しない（非圧縮変形，$I_3 = 1$）と考えることができる．よって，あらわに体積を変化させようとしなければ，I_1 と I_2 の 2 つが W 関数の独立変数となる．このような背景を経て，Rivlin らはゴム状物質の W 関数の一般系を (I_1-3) と (I_2-3) の多項式として示した[1]．

$$W = \sum_{i,j=0}^{\infty} C_{ij}(I_1-3)^i(I_2-3)^j \tag{5-20}$$

(I_1-3) と (I_2-3) のように 3 が減じられている理由は，未変形状態において，$I_1 = I_2 = 3$ であるためである．式（5-20）は，すべての多項式の組み合わせを網羅した式であり，複雑であるために，通常はいくつかの項のみを用いる場合が多い．たとえば C_{10} 以外の C_{ij} を 0 とすると，以下の式を得る．

$$W = C_{10}(I_1-3) \tag{5-21}$$

式（5-21）は，分子論的な過程から導出されたネオフッキアンモデル（式3-9）[2] と同じ関数型をしている．この式は，希薄なゲルの力学特性を比較的よく再現できることが知られている．また，線形の I_1 と I_2 のみからなる W 関数は Mooney モデルと呼ばれる[3]．

$$W = C_1(I_1-3) + C_2(I_2-3) \tag{5-22}$$

ここで C_1 と C_2 は定数である．C_2 項の効果はゴムなどの濃厚高分子網目系

では顕著であり，一般に網目鎖同士のからみ合いに由来すると考えられている．このモデルはゴムの1軸延伸挙動をある程度再現できることが知られているものの，後述するように2軸延伸試験の結果を再現することはできない．実験結果を再現するためには，さらに高次の項が必要であることが示されており，Mooneyモデルは架橋網目の一面的な力学物性しか再現できないことに注意しよう[4, 5, 6, 7, 8]．

5-2-1　現象論的なひずみエネルギー密度関数の見積もり方

前節では，W関数のモデルであるネオフッキアンモデルとMooneyモデルについて紹介したが，あくまでW関数が変形テンソルの不変量の和で書けるであろうという単純な予測に基づいたものであり，一般の架橋網目の実験結果を再現することは基本的には不可能である．このような場合，逆に実験結果から，W関数を推定することも重要なアプローチであることはいうまでもない．ここでは実験結果から現象論的にW関数を見積もる方法について述べる．

変形といわれて，真っ先に思い浮かぶのは，1軸延伸や1軸圧縮試験であろう．実際に，それらの実験結果に基づいて，W関数の検証が多く行われている．ここで最初に強調しておきたいことは，それらの実験結果は，W関数の検証のためには不十分であるということである．図5-6に，体積一定の条件で連続体を変形させた場合の，I_1, I_2の取りうる値の範囲を示す．このすべ

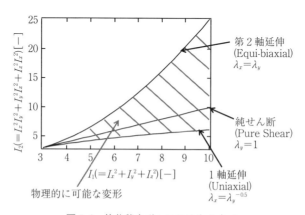

図5-6　等体積変形下におけるI_1とI_2

ての変形領域の中で，1軸延伸・圧縮によって得られる I_1 と I_2 の領域は，図中に示す1本の実線部分のみである．すなわち，1軸延伸によって与えられる変形は，物理的に変形可能な領域のほんの一部にすぎず，1軸延伸のデータのみから W 関数の推定を行うことはまさに「木を見て森を見ざるがごとし」である．実際に1軸延伸が記述可能な W 関数であっても，多様な変形に対する応力-ひずみ曲線を再現することはできないことがほとんどである．現象論的に W 関数を見積もるには，図5-6中の斜線で囲まれているような広い領域の応力とひずみの関係を取得し，そのデータを基に W 関数を推定する必要がある．

W 関数の推定のためによく用いられる変形様式に，等2軸延伸と純せん断がある．等2軸延伸とは，サンプルを x 方向と y 方向の2方向に等方的に延伸する変形様式（$\lambda_x = \lambda_y$）であり，純せん断はサンプルを x 方向に延伸しつつ，y 方向は長さが変わらないように保持する変形様式（$\lambda_y = 1$）である．このような，一見して実現が難しそうな変形を加えるためには，サンプルを2軸に独立に延伸する2軸延伸試験を行う必要がある．

このようにして得られた応力-ひずみ曲線を基に W 関数を求める方法に，Rivlin-Saunder 法がある．具体的には，式（5-23）を用いて $\partial W/\partial I_1, \partial W/\partial I_2$ を実験値である λ_1 と λ_2 の値に対して求め，I_1, I_2 の関数としてプロットし，これを積分して W を得る手法である．

$$
\begin{aligned}
\frac{\partial W}{\partial I_1} &= \frac{1}{2(\lambda_x{}^2 - \lambda_y{}^2)}\left[\frac{\lambda_x{}^3 \sigma_x}{\lambda_x{}^2 - (\lambda_x \lambda_y)^2} - \frac{\lambda_y{}^3 \sigma_y}{\lambda_y{}^2 - (\lambda_x \lambda_y)^2} \right] \\
\frac{\partial W}{\partial I_2} &= \frac{1}{2(\lambda_x{}^2 - \lambda_y{}^2)}\left[\frac{\lambda_x \sigma_x}{\lambda_x{}^2 - (\lambda_x \lambda_y)^2} - \frac{\lambda_y \sigma_y}{\lambda_y{}^2 - (\lambda_x \lambda_y)^2} \right]
\end{aligned}
\tag{5-23}
$$

図5-7に，代表的なポリジメチルシロキサン（PDMS）エラストマーに対して得られた $\partial W/\partial I_1, \partial W/\partial I_2$ を $(I_1-3), (I_2-3)$ に対してプロットした．この図に示すように，各偏微分の値は平面上に存在し，W の I_1-3, I_2-3 に対する依存性は線形であることが多い．この結果は，W は I_1-3, I_2-3 の2次までのベキ展開で記述できることを示唆している．すなわち，以下の式で書けるということである．

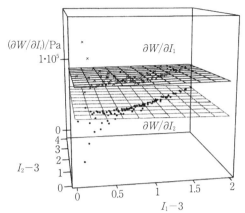

図 5-7 PDMS エラストマーの W 関数の I_1 および I_2 による偏微分量 [9]

$$W = C_{10}(I_1-3) + C_{01}(I_2-3) + C_{11}(I_1-3)(I_1-3) \\ + C_{20}(I_1-3)^2 + C_{02}(I_2-3)^2 \tag{5-24}$$

式 (5-24) を，式 (5-23) に代入すると，以下の式を得ることができる．

$$\frac{\partial W}{\partial I_1} = C_{10} + C_{11}(I_2-3) + 2C_{20}(I_1-3) \\ \frac{\partial W}{\partial I_2} = C_{01} + C_{11}(I_1-3) + 2C_{02}(I_2-3) \tag{5-25}$$

よって，図 5-7 のグラフの傾き，切片から各係数を決定することが可能となる．この結果は，ネオフッキアンモデルや Mooney-Rivlin モデルでは一般の応力応答を再現することができず，少なくとも I_1, I_2 ともに 2 次までの高次項が必要であることを強く示唆している．とくに I_2 項は，ある方向（x 軸方向）に引っ張ったとき，それと垂直軸方向（y もしくは z 軸）に働く力（cross coupling）を生み出す起源であるが，後述する分子論的なモデルには I_2 項は入っておらず，その分子論的な起源については現在でも議論がなされている．

高分子ゲルについても，浦山らにより精力的に 2 軸延伸試験が行われ，さまざまな構造を有するゲルにおける cross coupling について議論されている．cross coupling の影響を端的に見るには，x 軸方向に延伸した際に y 軸方向を固定する純ずり変形が適しており，その寄与を y 軸方向の応力として観察

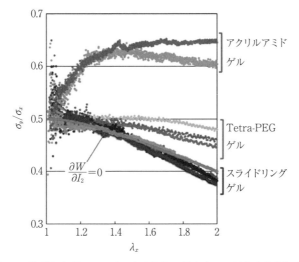

図 5-8　純ずり変形下における応力比と x 軸方向への延伸応力比[13]

することができる．図 5-8 にはラジカル重合で合成したポリアクリルアミドゲル（PAAm gel）[10]，Tetra-PEG ゲル[11, 12]，ロタキサンによる可動架橋点を有するスライドリングゲル[10]の純ずり変形の結果を示す．縦軸には y 軸方向の公称応力を x 軸方向の公称応力で規格化した応力比（σ_y/σ_x）を，横軸には x 軸方向の延伸比をプロットしている．図中の実線は，ネオフッキアンモデルに代表される I_1 のみからなる W 関数（$\partial W/\partial I_2=0$）の予測線を示す．ネオフッキアンモデルに代表される理想的な分子モデルは I_1 のみの関数となっているために，網目構造が理想的であれば実験結果がこの実線と一致するはずである．

アクリルアミドゲルについてみると，ひずみの増加に伴い応力比も大きく増加していく様が見て取れる．これはアクリルアミドゲルの W 関数においては I_2 項の寄与が大きいことを示唆している．アクリルアミドゲルにはからみ合いや架橋点間重合度の分布などの不均一性が多く存在していると予想されているために，この顕著な応力比の増加はこれら不均一構造に起因していると考えられる．一方で，均一な網目構造を持つと言われている Tetra-PEG ゲルの応力比はアクリルアミドゲルほどではないが，ネオフッキアンモデルの予測線よりも高い値を示している．さらにその傾向はゲルの網目濃度

150 5 応力-延伸の関係

の増加に伴い，大きくなっている．詳細な議論はここでは省くが，網目濃度を 0 に外挿した際に cross coupling の効果も消失することが示唆されており，均一網目における cross coupling は鎖の排除体積効果などの高分子網目の非理想性を反映していると考えられる．最後に，スライドリングゲルは架橋濃度によらず応力比は $\partial W/\partial I_1 = 0$ の予測線と一致した．これは架橋点が可動することで応力を適宜分散させ，cross coupling を減衰させているためであると考えられる．このように架橋構造によって cross coupling の効果は顕著に異なることが明らかになりつつあるものの，未だ不明確な点も多く，現象論的に導かれた W 関数の物理的な意味の解釈について現在も議論が行われている．

　ここでは Rivlin により提案された現象論的な W 関数を紹介したが，ほかにも現象論的な W 関数は存在する．たとえば，Ogden は $\lambda_x, \lambda_y, \lambda_z,$ のベキ級数型を提案している[14]．

$$W = \sum_n \frac{\mu_n}{\gamma_n}(\lambda_x{}^{\gamma_n} + \lambda_y{}^{\gamma_n} + \lambda_z{}^{\gamma_n} - 3) \tag{5-26}$$

また，鎖の有限伸びの効果を現象論的に入れたモデルである Gent モデル[15] も比較的有名である．Gent は鎖の伸びきり効果によるひずみ硬化性を，自然対数を用いることで再現しようと試みた．

$$W = -\frac{G}{2}J_m \ln\left(1 - \frac{I_1 - 3}{J_m}\right) \tag{5-27}$$

ここで J_m は最大伸長時の $I_1 - 3$ の値である．なお 1 軸延伸下における公称応力と延伸比の関係は次のようになる．

$$\sigma = G(\lambda_x - \lambda_x{}^{-2})\left(1 - \frac{\lambda_x{}^2 - 2\lambda_x{}^{-1} - 3}{\lambda_{\max}{}^2 - 2\lambda_{\max}{}^{-1} - 3}\right)^{-1} \tag{5-28}$$

$\lambda_{\max}$ は 1 軸延伸下の最大伸長比であり，$\lambda = \lambda_{\max}$ に近づくと応力は無限大に発散する関数となる．Gent モデルは現象論的なモデルであるが，鎖の伸びきり効果にフォーカスしている点で，半分は分子論的な描像もあり，半現象論的モデルであるといえる．これら現象論的なモデルは，分子論的な描像に

5-3 分子論的なひずみエネルギー密度関数 151

左右されずに，応力とひずみの関係を予測・理解したい場合には大変有用で
あるといえる．

5-3 分子論的なひずみエネルギー密度関数

　本節では分子論に基づいた代表的なひずみエネルギー密度関数について紹
介する．分子論的なモデルは，ある仮説の下に一本鎖の弾性エネルギーを規
定し，そのエネルギーを基に，網目全体の自由エネルギーを見積もることに
よって得られる．ここで注意すべき点は，ここで紹介するモデルは，実験結
果とある程度の一致を見せるものの，2軸延伸の結果を含めた一連の実験結
果を正確に記述できているわけではない点である．よって，現時点でモデル
に優劣をつけることが困難である．また，実験結果との乖離は，分子論的な
モデルの重要性を失わせるものではないことも同様に注意すべき点である．
なぜならば，分子論なくしては，高分子ゲルの構造・物性相関を明らかにす
ることは不可能であるからである．したがって，主要な分子論のエッセンス
を学んでおくことはきわめて重要である．今後，前述の現象論的に導かれた
W 関数と合わせて議論を進めることにより，高分子ゲルの構造・物性相関が
明らかになることが望まれる．

5-3-1 ネオフッキアンモデル

　ゴムやゲルの弾性は，Kuhn らにより，統計力学を用いて初めて理論化さ
れ，続く研究者により大変形領域まで拡張された．ここでは，ゴム弾性のモ
デルの中で最もシンプルなモデルであるネオフッキアンモデル[1, 16, 17] を
紹介する．このモデルは，次の仮定に基づいている．

1. 高分子網目は単位体積あたり ν 本の鎖を有する．ここで鎖とは結節点
   間の分子セグメントを指す．
2. 未変形時におけるすべての鎖の平均2乗末端間距離は，架橋されてい
   ない自由な鎖と同じである．
3. 変形において体積変化はないとする．
4. マクロな変形とミクロな鎖の変形は対応する．（アフィン変形）
5. 各々の鎖のコンフォメーションはガウス統計で記述でき，網目のエン

152　5　応力-延伸の関係

トロピーは各々の鎖のエントロピーの総和として記述可能である.
これらの仮定の下で, 変形によるエントロピー変化を計算しよう. 立方体単位格子が x, y, z 軸方向に $\lambda_x, \lambda_y, \lambda_z$ 倍変形することを考える. 式 (3-6) から変形による一本鎖のエントロピー変化 Δs は,

$$\Delta s = s - s_0 = -k\frac{3}{2Na^2}((\lambda_1{}^2-1)x_0{}^2+(\lambda_2{}^2-1)y_0{}^2+(\lambda_3{}^2-1)z_0{}^2) \quad (5\text{-}29)$$

仮定 5 より単位体積中に存在する ν 本すべてのエントロピーは式 (5-29) の単純な和として記述できる. よって, トータルのエントロピー変化 ΔS は次のように記述できる.

$$\Delta S = \Sigma\Delta s = -k\frac{3}{2Na^2}((\lambda_1{}^2-1)\Sigma x_0{}^2+(\lambda_2{}^2-1)\Sigma y_0{}^2+(\lambda_3{}^2-1)\Sigma z_0{}^2) \quad (5\text{-}30)$$

$\Sigma x_0{}^2$ は鎖の集合体の x_0 方向の 2 乗和を指す. 未変形時の鎖は等方的であることより,

$$\Sigma x_0{}^2 = \Sigma y_0{}^2 = \Sigma z_0{}^2 = \frac{1}{3}\Sigma r_0{}^2 \quad (5\text{-}31)$$

と書ける. ここで 2 乗平均と平均の 2 乗が等しいと近似すると

$$\Sigma r_0{}^2 = \nu\overline{r_0{}^2} \quad (5\text{-}32)$$

と書ける. ここで $\overline{r_0{}^2}$ は鎖の平均 2 乗長さである. 式 (5-30) に代入すると,

$$\Delta S = -\frac{\nu k}{2Na^2}\cdot\overline{r_0{}^2}(\lambda_1{}^2+\lambda_2{}^2+\lambda_3{}^2-3) \quad (5\text{-}33)$$

$\overline{r_0{}^2}=a^2N$ より,

$$\Delta S = -\frac{1}{2}\nu k(\lambda_1{}^2+\lambda_2{}^2+\lambda_3{}^2-3) \quad (5\text{-}34)$$

この式には N が入っておらず, エントロピーは鎖の長さに直接よらないことが示される. このことはゲル中に長さの異なる鎖が存在していても, 同じ式に帰着することを示しており, ランダム架橋プロセスに対しても適用可能

であることを示唆している．式（5-34）を用いると，系全体のヘルムホルツ
エネルギーを直接見積もることができる．変形によって内部エネルギーの変
化がないことを仮定すると，変形による自由エネルギーの変化 W は $W = -T\Delta S$ と書けるので，

$$W = \frac{1}{2}\nu kT(\lambda_1{}^2 + \lambda_2{}^2 + \lambda_3{}^2 - 3) \tag{5-35}$$

また，式（5-36）は次のように書き換えることが可能である．

$$W = \frac{G}{2}(\lambda_1{}^2 + \lambda_2{}^2 + \lambda_3{}^2 - 3) \tag{5-36}$$

$$G = \nu kT \tag{5-37}$$

結果として，式（3-15）と同様の結論を得ることができる．

5-3-2　逆ランジュバンモデル

　上述のネオフッキアンモデルは各部分鎖のセグメント分布が常にガウス分
布に従うとしているため，鎖の伸びがあまり大きくない範囲にしか適用でき
ない．すなわち，鎖の伸び切りの影響が出る程度まで引き伸ばされた，ガウ
ス分布から外れた鎖を取り扱うことができず，実在の高分子網目では有限伸
びの効果により，大変形領域で応力値がネオフッキアンモデルから上方に乖
離する．実験結果を再現するためには，最低限この有限伸びの効果を考慮す
る必要がある．この鎖の伸び切り効果を初めて統計的に扱ったモデルが
Kuhn と Grün の提唱した逆ランジュバンモデル（Inverse Langevin model）
[18] である．彼らは印加応力とセグメント配向の関係と，印加電場と双極子
の配向の関係とのアナロジーから，この問題にアプローチした．

　末端に $+q$ と $-q$ の電荷を持つ結合数 n の自由連結鎖を考える（図 5-9）．
外力がない状態ではこれらのセグメントの分布は完全にランダムで，隣接セ
グメント間の相関はないとしよう．z 軸方向に電場 E をかけた際には，正電
荷には x_1 軸方向に $\vec{f} = q\vec{E}$ の，負電荷には $\vec{f} = -q\vec{E}$ の力が働く．

　電場 E が印加された状況では，鎖の持つエネルギーは電場方向の両末端
間ベクトル成分（$\vec{R}$）に比例する．

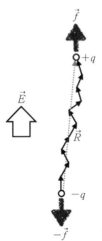

図 5-9 両末端に荷電基を持つ高分子鎖の電場下における変形

$$U = -q\vec{E}\cdot\vec{R} = -\vec{f}\cdot\vec{R} = -fR_1 \tag{5-38}$$

R_1 は $\vec{R}$ の x_1 軸成分である．鎖のコンフォメーションの数 z はボルツマン分布に従うため，次のように書ける．

$$z = \exp\left(-\frac{U}{kT}\right) = \exp\left(\frac{fR_1}{kT}\right) \tag{5-39}$$

ここからすべてのコンフォメーションの和に相当する分配関数 Z は

$$Z = \sum_{\text{states}} z = \sum_{\text{states}} \exp\left(\frac{fR_1}{kT}\right) \tag{5-40}$$

高いエネルギー状態を持つコンフォメーションはエネルギー的に不安定なため，取りうる確率が低下し，分配関数にほとんど寄与しない．自由連結鎖の場合，コンフォメーションの数はセグメント間の結合角度の多様性によって決まる．各々の結合角に対して球座標をとると，Z は 2 つの偏角 θ と φ を用いて次のように書き表せる．

$$Z = \sum_{\text{states}} \exp\left(\frac{fR_z}{kT}\right) = \int \exp\left(\frac{fR_z}{kT}\right) \prod_{i=1}^{N} \sin\theta_i \mathrm{d}\theta_i \mathrm{d}\varphi_i \tag{5-41}$$

5-3 分子論的なひずみエネルギー密度関数 155

また R_1 はボンド長 a と θ を用いて

$$R_1 = \sum_{i=1}^{N} a \cos \theta_i \tag{5-42}$$

となる．これらの式より，

$$
\begin{aligned}
Z &= \int \exp\left(\frac{fa}{kT}\sum_{i=1}^{N}\cos\theta_i\right)\prod_{i=1}^{N}\sin\theta_i\mathrm{d}\theta_i\mathrm{d}\varphi_i \\
&= \left[\int_0^\pi 2\pi\sin\theta_i\exp\left(\frac{fa}{kT}\cos\theta_i\right)\mathrm{d}\theta_i\right]^N \\
&= \left[\frac{2\pi}{\dfrac{fa}{kT}}\left\{\exp\left(\frac{fa}{kT}\right)-\exp\left(-\frac{fa}{kT}\right)\right\}\right]^N
\end{aligned}
\tag{5-43}
$$

ここで，式 (5-44) を用いると，式 (5-45) を得ることができる．

$$\sinh x = \frac{\exp(x)-\exp(-x)}{2} \tag{5-44}$$

$$Z = \left[\frac{4\pi\sinh\left(\dfrac{fb}{kT}\right)}{\dfrac{fa}{kT}}\right]^N \tag{5-45}$$

分配関数が f の関数として求まったので，ギブスの自由エネルギーは F_{Gibbs} $= -kT\ln Z$ の関係から次のように求まる．

$$F_{\text{Gibbs}} = -kNT\left[\ln\left(4\pi\sinh\left(\frac{fa}{kT}\right)\right)-\ln\left(\frac{fa}{kT}\right)\right] \tag{5-46}$$

平均末端間距離 $\langle R \rangle$ は F_{Gibbs} の f による微分として求まるので，

$$
\begin{aligned}
\langle R \rangle &= -\frac{\partial F_{\text{Gibbs}}}{\partial f} = \frac{\partial}{\partial f}kNT\left[\ln\left(4\pi\sinh\left(\frac{fa}{kT}\right)\right)-\ln\left(\frac{fa}{kT}\right)\right] \\
&= kNT\left\{\frac{1}{4\pi\sinh\left(\dfrac{fa}{kT}\right)}4\pi\cosh\left(\frac{fa}{kT}\right)\frac{a}{kT}-\frac{1}{\dfrac{fa}{kT}}\frac{a}{kT}\right\}
\end{aligned}
$$

$$= bN\left\{\coth\left(\frac{fa}{kT}\right) - \frac{1}{\frac{fa}{kT}}\right\} \tag{5-47}$$

ここでカッコ内がランジュバン関数（式 (5-48)）と呼ばれる関数であることを考慮すると，式 (5-47) は式 (5-49) のように表すことができる．

$$L(x) = \coth(x) - \frac{1}{x} \tag{5-48}$$

$$L\left(\frac{fa}{kT}\right) = \frac{\langle R \rangle}{bN} = \frac{\langle R \rangle}{R_{\max}} \tag{5-49}$$

$aN = R_{\max}$ と書き直すことで，最大延伸時に対する変形の割合と力をランジュバン関数を用いて結びつけることができる．ランジュバン関数の逆関数を使うと，

$$f = \frac{kT}{a} L^{-1}\left(\frac{\langle R \rangle}{R_{\max}}\right) \tag{5-50}$$

となり，普段目にしているような「力＝変形率の関数」の形となる．これを逆ランジュバンモデルと呼ぶ．図 5-10 に，式 (5-50) の結果と，比較として理想鎖の結果（式 (1-37) において $R_0 = aN^{1/2}$ としたもの）も示す．微小変

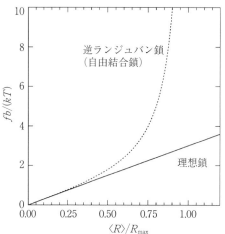

図 5-10　理想鎖とランジュバン鎖の力とひずみの関係

形領域では，ランジュバン鎖も理想鎖も応力と力の線形関係が成り立つ（フックの法則）．理想鎖ではこの線形関係がどこまでも成り立つ（R_{max} を超えても成り立ってしまう）が，ランジュバン鎖ではひずみ硬化が見られ，$R/R_{max}=1$ に向かって発散する．

　高分子一本鎖のエントロピーが見積もることができたので，網目のエントロピーはネオフッキアンモデルと同様に計算をすればよい．網目鎖の変形の仕方をどのように見積もるかは種々の方法があるが，有名なものに3鎖モデル[19] と8鎖モデル[20] がある．詳細は原著にゆずるが，3鎖モデルは式(5-50) の3次元に拡張したモデルとなっており，「計算上」鎖を x, y, z 軸の直交座標方向へ分割し，各々の寄与を加算している．ここではあたかも3本の鎖のうち，2本は圧縮されているように計算されている．一方で，8鎖モデルは立方体の各頂点へ向かって伸びた8本の鎖を考える．ここでも「計算上」鎖はこの8本の鎖に等分配されたと仮定して各々の鎖の変形を計算し加算する．ここで「計算上」と強調したのは，これらのモデルは決して3分岐の架橋点や8分岐の架橋点を仮定しているわけではない．あくまで鎖の変形をマクロな変形に対してどのように見積もるかを幾何学的に近似したのみであり，その意味であくまで「計算上」の問題である．最後に，3鎖モデル式(5-51) と8鎖モデル式 (5-52) から予測される1軸延伸下での応力と延伸比の関係を示す．

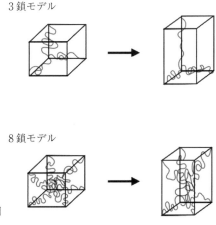

図 5-11　3鎖モデルと8鎖モデルの概念図

158　5　応力-延伸の関係

$$\sigma = G\sqrt{N}\left(\lambda_x L^{-1}\left(\frac{\lambda_x}{\sqrt{N}}\right) - \lambda_x^{-2} L^{-1}\left(\frac{\lambda_x^{-2}}{\sqrt{N}}\right)\right) \tag{5-51}$$

$$\sigma = GNL^{-1}\left(\frac{\lambda_{\mathrm{chain}}}{\sqrt{N}}\right)\left(\frac{\lambda_x^2 - \lambda_x^{-1}}{\lambda_{\mathrm{chain}}}\right)$$

$$\lambda_{\mathrm{chain}} = \frac{1}{\sqrt{3}}(\lambda_x^2 + \lambda_y^2 + \lambda_z^2)^{\frac{1}{2}} \tag{5-52}$$

5-4　大変形下におけるスケーリング的取り扱い

　さてここまでは W 関数という弾性ポテンシャルを微分することで，あらゆる変形における応力-延伸比の関係を予測することを試みた．現象論か分子論かの違いはあるものの，これまでの議論は，すべてのひずみ領域に対して適用可能なある1つの数理モデルが存在するという仮定の下に進められてきた．しかしながら，現象論から分子の情報を得ることは困難であるし，逆に完全な分子論により実験結果が正しく予測されることもまれである．よって，現段階では，どちらのアプローチも大きな成功を達成しているとは言いがたい．本節では，もう少し現実的なアプローチとして，ゲルの延伸挙動に対してスケーリング則を適用する．

　具体的には，第1章で議論した高分子一本鎖の延伸についてのスケーリング則を，ほぼそのままの形で高分子網目に適用することとなる．1-2-4項では，実在鎖を仮定していたのでブロブサイズ ξ とブロブ内に含まれるモノマーユニット数 g_p の間には

$$\xi \approx a g_\mathrm{p}^{\frac{3}{5}} \tag{1-55}$$

のような関係があった．g_p の指数は，実在鎖のフラクタル次元が 5/3 であることを反映している．あるフラクタル次元 D を持った一般の鎖を引っ張った場合に対して，式（1-55）は次のように拡張できる．

$$\xi \approx a g_\mathrm{p}^{\frac{1}{D}} \tag{5-53}$$

このように置いて，第1章と同様に議論すると，一本鎖を強く延伸した際の

力 f と延伸比 (R/aN) の間には次のような関係が成り立つことがわかる.

$$f \approx \frac{kT}{a}\left(\frac{R}{aN}\right)^{1-\frac{1}{D}} \tag{5-54}$$

ここでの f は一本鎖あたりにかかる力であり,網目における単位断面積あたりの力である公称応力 (σ) に直接対応する値である.一方で,延伸比 R/aN については,直接的に網目の 1 軸方向の延伸比 (λ) と同一視することはできない.なぜならば,網目の延伸の際には,あらわに体積一定の条件が入ってくるために,延伸方向と垂直軸側に網目は圧縮されるからである.逆説的に言うと,すべての部分鎖が λ 倍延伸されているという状況は,体積が等方的に λ^3 倍変化した際に実現される.この効果について考えるためには,やはり W 関数に立ち戻って考えるほかない.ここでは,網目の W 関数が,最も簡単なモデルであるネオフッキアンモデルと同様のスケーリングを持っているとしよう.ここにネオフッキアンモデルのときと同様に,体積一定と,延伸方向と垂直な 2 軸についての等方性の条件を課すと,以下の式が得られる.

$$W(I_1) \sim I_1 \sim (\lambda_1{}^2 + \lambda_2{}^2 + \lambda_3{}^2 - 3) \sim (\lambda^2 + 2\lambda^{-1} - 3) \tag{5-55}$$

延伸に必要な応力 σ は,W 関数を λ で微分することによって得られるので,

$$\sigma = \frac{\partial W}{\partial \lambda} \sim (\lambda - \lambda^{-2}) \tag{5-56}$$

この結果より,伸びきりを考慮しなくてよい領域においては,応力が $(\lambda - \lambda^{-2})$ に比例することが示される.この結果は,理想鎖や実在鎖の延伸を記述するスケーリングである式 (1-48) や式 (1-52) と同じ性質のものである.式 (1-48),(1-52) より興味ある部分だけを抜き出すと,

$$f \sim R \sim \lambda \tag{5-57}$$

つまりは,力 f は延伸倍率 λ に比例することが示されている.すなわち,網目の 1 軸延伸の場合の $(\lambda - \lambda^{-2})$ は,一本鎖における λ と同じ意味合いを持つ.ここまでの手続きからわかるように,圧縮された分の効果が λ^{-2} の形で補正されている.

160　5　応力-延伸の関係

　結果として，式（5-54）における (R/aN) を $(\lambda-\lambda^{-2})$ に，f を σ（工学応力）に置換することで，一本鎖のスケーリングを網目系へ適用することが可能となる．

$$\sigma \sim (\lambda-\lambda^{-2})^{1-\frac{1}{D}} \tag{5-58}$$

式（5-54）を用いれば，網目鎖のフラクタル次元より，大変形領域での応力挙動を予測することができる．実際にいくつかの高分子ゲルやゴムの系において ベキ乗則が観察されており，説明可能なフラクタル次元を用いて実験結果がよく再現されている [21, 22, 23]．

5-5　高分子ゲルの破壊挙動

　本章では，これまでに高分子ゲルが変形されるときの応力変化について議論した．もちろん，高分子ゲルはある程度の延伸の後には破断するのであるが，これまでの議論では，「ゲルがどこで壊れるか」については議論してこなかった．もちろん，Gent モデルや逆ランジュバンモデルなど，どこまで伸びるかを定めるパラメーターがあらわに設定されている場合もあるが，たとえば Mooney モデルでは設定されていない．その一因は，応力-延伸曲線の再現が目的であれば，最大延伸倍率（λ_{max}）を設定しなくとも，I_1 の高次項や I_2 項などの寄与を導入することで十分可能であるためである．破断を議論する上で知っておいて欲しい重要な考え方の 1 つは，延伸曲線を再現するために設定する λ_{max} と，実験的に得られる破断点としての λ_{max} ではニュアンスが異なるという点である．この点を説明するために，同一バッチから作られた 7 本のゲルサンプルを延伸した結果を図 5-12 に示す．図より明らかに，すべての応力-延伸曲線はある 1 つの曲線上にある．よって，この曲線の関数を再現するためには，モデル関数においてある 1 つの λ_{max} を定めればよいということになる．

　一方で，実際に破断した点についてみてみると，まったくもってばらばらである．このように，関数形を再現するための λ_{max} が割と簡単に定まるのに対して，より実用的に重要であろう「ゲルがどこで壊れるか」を示す λ_{max} を規定することは困難である．これは，高分子ゲル材料が脆性破壊という，破

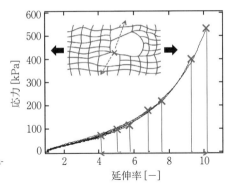

図 5-12 同一条件で作成された Tetra-PEG ゲルの破壊挙動（$n=7$）

壊様式によって壊れることに起因している．

　一般に，材料の破壊現象は，大きく2つに分けられる．応力添加に伴い大きく変形し，破壊に至るものを延性破壊という．延性破壊の特徴としては，破壊前に残留ひずみや永久ひずみ等の大きな塑性変形を伴い，破壊による応力低下が緩やかである点にある．延性と展性を持つ鉄が延性破壊する材料の代表例である．一方，破壊前の塑性変形が小さく，破壊の応力低下が急激であるものを脆性破壊という．たとえば，ガラスやセラミックスのように一般的に脆いと思われているものが，脆性破壊する材料である．ガラスをイメージすれば，同じような刺激に対しても壊れたり壊れなかったりするという脆性材料の特性が理解されると思う．そして，高分子ゲルも，大きく変形するものの，脆性破壊的であることが一般的である．この高分子ゲルの持つ脆性という普遍的な問題点を解決した画期的なゲルが Gong や黒川らによって開発されたダブルネットワークゲルである．本書ではふれないが，Gong らにより多くの論文が発表されているので，それらを参照してほしい[24, 25]．本書では，ゆらぎの大きな λ_{max} を見せる一般的な脆性高分子ゲルについて議論する．実際にどこで壊れるかを議論する場合には，これまでの W 関数の議論とはまた別の理論体系が存在する．以降では，代表的な材料破壊のモデルとして，Griffith モデルと Lake-Thomas モデルについて紹介する．

5-5-1　Griffith モデル

　脆性材料における破壊とは，外部から加えられる仕事によって，1つの固

体から2つ以上の新しい面を作るという過程であると言い換えることもできる．き裂を有する弾性体に外力を加えると，き裂は徐々に進展する．このとき，弾性体のひずみエネルギーは減少し，この減少分が新しく形成される面の表面エネルギーとなる．1921年，Griffithは，弾性ひずみエネルギー減少分と新しく形成される表面の表面エネルギーが等しい点が破壊の条件であるとする仮説を立てた[26]．ひずみエネルギーと表面エネルギーの平衡を保ちつつ，エネルギーを解放することで，き裂は成長し，最終的にマクロスコピックな破壊に至る．

Griffithは，すでに長さLのき裂が存在する脆性材料に外力を添加した際，き裂長が$L+\Delta L$に増大するエネルギーから，材料破壊に至るまでの条件を求めた（図5-13）．ΔLのき裂が進展したとき，新しく形成される表面の単位長さあたりの表面エネルギー（U_{surf}）は，

$$U_{\mathrm{surf}} = 2\gamma\Delta L \tag{5-59}$$

と表せる．ここで，γは単位面積あたりの表面エネルギーであり，係数の2は形成される表面が2面であることを意味している．一方で，解放される単位長さあたりの弾性ひずみエネルギー（U_{el}）は，以下のように表される．

$$U_{\mathrm{el}} = \frac{\Delta L^2 \pi \sigma}{4E} \tag{5-60}$$

ここで，σは外力，Eはヤング率である．き裂進展は，式(5-60)に示す弾性ひずみエネルギー減少分と新しく形成される表面の表面エネルギーが等しいという条件の下に達成される．

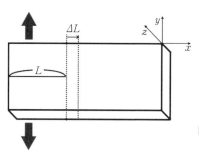

図5-13 長さLのき裂を有する弾性体
き裂は，x軸方向に進展．

$$\frac{\mathrm{d}U_{\text{surf}}}{\mathrm{d}L} = \frac{\mathrm{d}U_{\text{el}}}{\mathrm{d}L} \tag{5-61}$$

式（5-61）に式（5-59），（5-60）を代入し，き裂進展時の応力を σ_0 とすると，以下の式が得られる．

$$\sigma_0 = \left(\frac{4\gamma E}{\pi L}\right)^{\frac{1}{2}} \tag{5-62}$$

σ_0 はき裂が進展するために必要な最小の応力であり，Griffith は「長さ L のき裂を有する脆性材料に対して外力 σ_0 が加えられたとき，き裂は進展し始める」とした．

5-5-2　Lake-Thomas モデル

　上記の Griffith モデルは，現在でも広く用いられている熱力学を基礎に置いたモデルである．Griffith モデルは，基礎式としては正しいことは疑いないものの，天然ゴムを代表とする高分子材料の破壊エネルギーは，モデルの予測値よりもはるかに大きく，定量的な説明は不可能であった．1967 年に Lake と Thomas は，その原因は，き裂周辺における高分子の微視的な描像について考慮していなかった点にあると考え，「き裂先端にある部分鎖を破断するのに必要なエネルギー」より破壊エネルギーを見積もった[27]．Lake-Thomas モデルのこれまでのモデルとの違いは，「ある 1 つの結合を切断させるためには，き裂周辺に存在するすべてのモノマーユニット間の結合に同様の変形を与えなければならない」とする点にある．

　再び，図 5-13 に示すような，き裂先端部位について考えるが，今度はあらわに高分子の網目がある状況について考える（図 5-14）．き裂が進展するはずの平面上には，架橋点を結ぶ部分鎖がいくつも存在し，き裂を進展させるためには，切断面を貫いているすべての部分鎖を切断する必要がある．ここで，切断面を貫く 1 本の部分鎖に着目しよう．この部分鎖を単純に切断するためには，単結合のおおよその結合エネルギーである 350 kJ/mol 程度のエネルギーを与えればよいように思われる．しかしながら，力学的に破壊する際には，部分鎖の両端間を引っ張ることを通してしか，エネルギーを与える

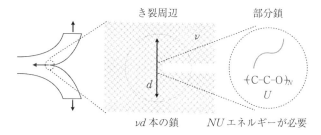

図 5-14 Lake-Thomas モデルの概念図.

方法はないわけで，ある結合だけに集中してエネルギーを与えることは不可能である．すなわち，延伸によって，部分鎖を構成するすべての結合は均等に引き伸ばされる．そして，最弱の結合が切れるエネルギーと同等のエネルギーがすべての結合に与えられた瞬間に，最も弱い結合が切れ，部分鎖は切断されるのである．結論として，ある1ヵ所の結合を切断するために，わざわざすべての結合をそれなりに引っ張る必要があるということになる．ここまでの議論より，1本の部分鎖を切断するために必要なエネルギーは，モノマーユニットのすべての結合を切断するのに必要なエネルギー（U）と，架橋点間の重合度（N）を掛けた NU（本来は，最弱の結合を切断するのに必要なエネルギーをモノマー内の主鎖に沿った結合数だけ乗じたもの）として見積もることができる．すなわち，$N=100$ であれば，ある結合を切断するエネルギーの 100 倍程度のエネルギーが必要になる．

次に，もう少し視野を広げて，先ほど着目した部分鎖の両末端にある架橋点につながっている別の部分鎖について考えてみよう．先ほどと同様に考えると，架橋点によって直接つながっている部分鎖にまったく影響を与えることなく，1本の部分鎖だけを延伸することができないこともやはり明白である．よって，実際に切断される部分鎖の周辺の部分鎖もある程度は引き伸ばされていると考えるのが妥当であろう．描像としては，クラックのまさに先端にある部分鎖に最も力が集中していて，そこから離れるとともにかかる力は減少し，十分離れた領域はバルクと同様の変形をしているわけである．本来は，応力集中の分布について考える方が正確であるのであろうが，ここでは簡単のために，ある L という幅を持った領域だけに応力集中が起きていて，その周辺部はバルクと同様の一様変形をしているとしよう．すると，限界ま

で引き伸ばされている鎖の数は，架橋点間の網目密度（ν）と，変位長（L）を掛け合わせた νL として考えることができる（元々断面積あたりの計算をしているために，断面積分の次元は元々除かれていることに注意）．つまり，き裂を進展させるために必要なエネルギー（T_0）は，切断する部分鎖の本数と切断するのに必要なエネルギーを掛け合わせた以下の式で表すことができる．

$$T_0 = \nu LNU \tag{5-63}$$

ここで，L は部分鎖 1 本分程度の長さであるとされており，実際に，その程度の値を代入すると，ゴムの破壊エネルギーをおおよそ正しく予想できることが知られている．部分鎖は理想鎖であるとすると，$L \sim N^{1/2}$ とスケールし，さらに弾性率のスケーリングとして，$G \sim \nu \cdot \phi/N \sim N^{-1}$ を用いると（ここでは，ゴムを考えているために $\phi=1$ で一定），以下のスケーリング関係を予測することができる．

$$T_0 \sim \nu N^{\frac{1}{2}} N \sim N^{\frac{1}{2}} \sim G^{-\frac{1}{2}} \tag{5-64}$$

すなわち，固いゴムほど脆くなることを示唆している．このスケーリングは，いくつかのゴムを使った実験によって正しいことが確かめられている[28]．また，式（5-63）自体についても，近年 Tetra-PEG ゲルを用いた実験によって概ね正しいことが検証され，やはり L は $N^{1/2}$ とスケールする部分鎖の末端間距離と近しい値であることが確認された[29, 30]．

5-6　弾性率から求めた網目サイズと延伸性の関係

第 3 章で，弾性率から網目サイズを推測できることを紹介した．推測された網目サイズは，他の物性値を予測するのに使うことができる．たとえば，弾性率が低下すると，一般的に網目サイズは大きくなると考えられる．一方で，網目サイズが大きいと，延伸性は大きくなると予測される（Kuhn モデル）．これらの推定より，軟らかいゲルほど伸びるという直感的に正しそうな予測を立てることができる．弾性率は，微小変形領域における力学特性を特徴付けるパラメーターであるのに対して，延伸性は大変形領域を特徴付け

166　5　応力-延伸の関係

るパラメーターであることを考慮すると，微小変形の振る舞いから大変形の
振る舞いを予想できる可能性が示唆されていることとなる．本章の最後に，
弾性率から求められる網目サイズと延伸性の関係についての理論的な予測を
行い，実験の結果と比較してみよう．

　弾性率から網目サイズを求める方法のうち，最も簡単なものはアフィンネ
ットワークモデルを仮定する方法（仮定1）である．

$$G = \nu k_{\mathrm{B}} T \tag{3-15}$$

この式を用いて，弾性率より有効網目密度 (ν) を求めることができる．SI 単
位系で計算すれば，ν の単位は m^{-3} となり，有効網目の数密度を表す．「高分
子ゲルを構成する高分子がすべて有効に網目を形成している（仮定2）」とす
れば，有効網目密度は以下のように書くことができる．

$$\nu = \frac{c}{m_{\mathrm{mono}} N_{\mathrm{c}}} N_{\mathrm{A}} \tag{5-65}$$

ここで，$c(\mathrm{g/m^3})$ はゲル中の高分子濃度，$m_{\mathrm{mono}}(\mathrm{g/mol})$ はモノマーユニット
あたりの分子量，N_{A} はアボガドロ数（1/mol）である．式（3-15）と式（5-
65）を合わせることにより，G から平均の架橋点間重合度である $N_{\mathrm{c}}(\mathrm{g/mol})$
を求めることができる．次に，「架橋点間高分子がモノマーユニットをセグ
メントとする理想鎖である（仮定3）」とすれば，最終的に網目サイズ（r_{mesh}）
を算出することができる．

$$r_{\mathrm{mesh}} = a N_{\mathrm{c}}^{\frac{1}{2}} \tag{5-66}$$

ここまでにおいた3つの仮定は，いずれもかなり理想的であることはいうま
でもない．たとえば，アフィンネットワークモデルの代わりにファントムネ
ットワークモデル（式（3-35））を用いれば，4分岐網目の場合の架橋点の数
はおおよそ2倍と推定されるし，網目中にぶら下がり鎖（ダングリング鎖）
があるとすれば，仮定2は成り立たなくなる．もちろん，部分鎖が理想鎖で
なければ仮定3も成立しない．

　このような問題点もあるものの，弾性率を測定するだけで，網目サイズら
しきものを推定することができるために，この方法はしばしば用いられてい

る．ここでの疑問は，このようにして求められた網目サイズが，他の物性値，たとえば延伸性や物質透過性などと，正しく相関するのかどうかである．以下に，弾性率と延伸性を比較した筆者らの研究について紹介する．

筆者らは Tetra-PEG ゲルを用いて，弾性率と延伸性の比較を行った．Tetra-PEG ゲルは，4分岐構造を持つポリエチレングリコール（Tetra-PEG）からなる高分子ゲルである（図5-15）[31]．具体的には，相互に反応し連結するような官能基を持つ2つの Tetra-PEG の溶液を混合するだけで，簡単に作製することができる．Tetra-PEG ゲルは小角中性子散乱実験によって，大域的な不均一性がほとんど存在しないことが確かめられており，モデルの検証に適したゲルである[32, 33]．また，プレポリマーの c^* 付近で作製された Tetra-PEG ゲルにおいては，結合率から樹状構造近似，ファントムネットワークモデルを用いて求められた弾性率が実験値と良い一致を示すことが明らかになっている[34]．

よって，ここでは，c^* 付近で作製された Tetra-PEG ゲルの結合率を変化させた際の結果を紹介する[34]．この条件下では，少なくとも仮定1は成立していると考えてよいために，第2，第3の仮定にフォーカスすることが可能となる．

図5-16は，結合率 (p) を変化させたときの弾性率 (G) の変化を示している．ここでの結合率は，4分岐高分子の末端間反応の反応率であり，分光学的に求められた値である．ここでは，高分子濃度を固定した状態で，p を下げることにより，弾性率 G を低下させている．ここで，仮定2に従えば，式 (3-35) と式 (5-66) を用いて N_c を求めることができる．結果として，図5-16に示すように，p の変化により，N_c はおおよそ3倍程度変化してい

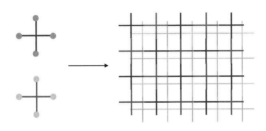

図5-15　Tetra-PEG ゲルの模式図

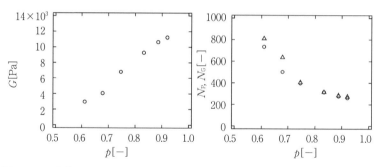

図 5-16　p を変化させたときの弾性率 G（左）と，架橋点間重合度 N（右）の変化

とがわかる．古典的な Kuhn モデルに従うと，N_c と最大延伸倍率（λ_{max}）には，$\lambda_{max} \sim N_c^{\frac{1}{2}}$ というスケーリング関係が存在する．よって，理論的には N_c の増加により，λ_{max} の増加が引き起こされることが予想される．

次に，実験的に λ_{max} を求めることができればよいのであるが，一般論として正確な λ_{max} を実験的に求めることはかなり難しい．なぜならば，5-5 節において紹介したように，λ_{max} はサンプル間で大きくゆらいでしまうためである．そのために，ここでは，応力延伸曲線の形状から議論することとした．部分鎖の伸びきり効果を考慮しなかった場合の，ゴム状物質の応力延伸曲線は，以下の式で示すことができる．

$$\sigma = G(\lambda - \lambda^{-2}) \tag{3-14'}$$

この仮定の下では，部分鎖は常に理想鎖であると考えられており，部分鎖が無限大に長く，延伸が鎖の形状に影響を及ぼさない状況に対応している．しかしながら，実際には部分鎖長は有限であり，延伸によって鎖の形状は理想鎖から延伸方向へ配向した形状へ変化する．その結果，応力延伸曲線が式 (3-14') の予測よりも上方に乖離する（図 5-10 参照）．そして，部分鎖長が長ければ長いほど，ずれが生じる延伸倍率が大きくなることが予想される．

図 5-17 に結合率の異なるゲルの応力延伸曲線を示す．ここでは，弾性率の違いを無視して，式（3-14'）からのずれに着目するために，応力を弾性率で規格化したもの用いた．図より明らかに，結合率の違いによる関数形状への有意な違いはないことがわかる．すなわち，この実験では，弾性率は低下

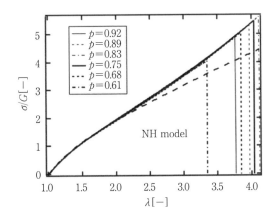

図 5-17 規格化された応力-延伸曲線

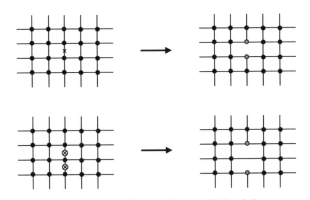

図 5-18 欠陥を導入した際の網目構造の変化

しているにもかかわらず，延伸性は変化しない．ここで疑うべきは，仮定2か3なのであるが，仮定3について理想鎖でなく実在鎖を用いても，軟らかいゲルほど伸びるという結論は変化しないため，仮定2が破綻していることは明らかである．つまり，「高分子ゲルを構成する高分子がすべて有効に網目を形成しているわけではない」ということになる．

この実験では，均一な網目構造に徐々に欠陥を導入する過程を見ているが，実は，第2の仮定が破綻しやすい系である．図5-18に，理想的な網目に，1つだけ欠陥を入れた場合の網目構造の変化を模式的に示す．このときに起こる変化は，部分鎖が1つ減り，2つの4分岐架橋点が3分岐架橋点になると

170　5　応力-延伸の関係

いう変化である．それと同時に，切断された部分鎖は，3分岐架橋点からぶら下がっているだけのダングリング鎖となっている．すなわち，無駄な鎖が増えただけで，いずれの部分鎖の長さにも変化は起こらない．すなわち，N_cは一定である．この仮説は，部分鎖長の関数であるはずの最大延伸倍率が結合率に依存しないという実験結果と一致する．

　それでは，N_cの延長が生じるのは，いつであろうか？　それは，図5-18下に示すように，さらに欠陥が導入され近接する部分鎖が切断されたときである．この議論は，3-4-1項で紹介したパーコレートネットワークモデルと類似のものであり，4分岐の網目構造では$p > 0.75$のときに対応する．

　以上のように，欠陥があまり多くない結合率の領域では，欠陥の導入によっても部分鎖長の変化は生じず，延伸性にも影響を与えない．この結果より，盲目的に「高分子ゲルを構成する高分子がすべて有効に網目を形成している」という仮定を置くことの危うさがわかるであろう．この仮定を置くと，ダングリング鎖として無駄に消費されている網目を，有効網目に溶かし込んで考慮してしまい，実際よりも大きなN_cを予測してしまうこととなる．もちろん，この方法論は古典的にもよく使われてきたものであり，多くの場合は正しい予測を与えるのであるが，その限界についても知っておくことが重要である．

コラム4　線形粘弾性と非線形粘弾性

　高分子ゲルの特性を知るうえで，粘弾性測定は非常に強力なツールである．粘弾性測定の基本的なコンセプトは，物質にひずみ（応力）を加えることで異方性を持たせ，その異方性が解消されていく過程を観察することで，その分子運動を推測する．よって，このときにどのようなひずみ（応力）を加えているかは重要なファクターになる．粘弾性はそのひずみのレンジによって，「線形」と「非線形」に分けることができる．「線形」粘弾性測定とは，微小ひずみ（応力）（$\gamma, \varepsilon \ll 1$）を加えた際の粘弾性応答を観察する方法である．ここで加えたひずみは物質内の構造をほとんど変えないため，純粋な分子の熱運動により緩和される．高分子ゲルをなす網目構造は，通常，平衡状態にあり，熱エネルギー程度のゆらぎをもって運動しているため，その過程と同じ過程により，緩和することとなる．そのため線形粘弾性測定においては，変形様式間に差はない．たとえば，線形領域において，ひずみ量を変えようが，圧縮しようが，延伸し

ようが，同様の結果が得られる．逆にいうと，微小変形下においてひずみの量を変えても粘弾性応答が変わらない領域が線形粘弾性である．レオメーターを用いた実験では，一般的に線形領域において測定を行うため，最初にひずみ依存性を測定し，線形域を定めるところから始める．

　一方で，「非線形」粘弾性測定では，大きいひずみ（応力）を印加した際の粘弾性応答を観察する．加えたひずみは物質内の構造・運動を大きく変えるため，緩和するために起こる分子運動は先ほどの平衡状態のものとは異なる．このような状況下においては，異なる変形様式における粘弾性応答の間に統一的な関係が存在しない（たとえば，ずり測定と引張測定の間に互換性は成り立たない）．粘弾性測定を行っている際に，自分が線形域と非線形域のどちらを観察しているのか，確認をせずに行ってしまうと見ているものがまったく異なってしまうため，注意が必要である．

参考文献

[1] Treloar, L. R. G.; The elasticity of a network of long-chain molecules. I *Transactions of the Faraday Society* **1943**, 39, 36-41.

[2] Flory, P. J.; *Principles of polymer chemistry*. Cornell University Press: Ithaca, 1953.

[3] Mooney, M. A; theory of large elastic deformation *J Appl Phys* **1940**, 11, 582-592.

[4] Kawamura, T.; Urayama, K.; Kohjiya, S.; Multiaxial deformations of end-linked poly (dimethylsiloxane) networks. III. Effect of entanglement density on strain-energy density function *J Polym Sci Pol Phys* **2002**, 40, 2780-2790.

[5] Kawamura, T.; Urayama, K.; Kohjiya, S.; Multiaxial deformations of end-linked poly (dimethylsiloxane) networks 5. Revisit to Mooney-Rivlin approach to strain energy density function *J Soc Rheol Jpn* **2003**, 31, 213-217.

[6] Urayama, K.; An experimentalist's view of the physics of rubber elasticity *J Polym Sci Pol Phys* **2006**, 44, 3440-3444.

[7] Urayama, K.; Kawamura, T.; Kohjiya, S.; Multiaxial deformations of end-linked poly (dimethylsiloxane) networks. 2. Experimental tests of molecular entanglement models of rubber elasticity *Macromolecules* **2001**, 34, 8261-8269.

[8] Urayama, K.; Kawamura, T.; Kohjiya, S.; Multiaxial deformations of end-linked poly (dimethylsiloxane) networks. 4. Further assessment of the slip-link model for chain-entanglement effect on rubber elasticity *Journal of Chemical Physics* **2003**, 118, 5658-5664.

[9] Kawamura, T.; Urayama, K.; Kohjiya, S.; Multiaxial deformations of end-linked poly (dimethylsiloxane) networks. 1. Phenomenological approach to strain energy density function *Macromolecules* **2001**, 34, 8252-8260.

[10] Kondo, Y.; Urayama, K.; Kidowaki, M.; Mayumi, K.; Takigawa, T.; Ito, K.; Applicability

172　5　応力-延伸の関係

of a particularly simple model to nonlinear elasticity of slide-ring gels with movable cross-links as revealed by unequal biaxial deformation *The Journal of Chemical Physics* **2014**, 141, 134906.

[11] Katashima, T.; Urayama, K.; Chung, U.-i.; Sakai, T.; Strain energy density function of a near-ideal polymer network estimated by biaxial deformation of Tetra-PEG gel *Soft Matter* **2012**, 8, 8217–8222.

[12] Katashima, T.; Urayama, K.; Chung, U.-i.; Sakai, T.; Probing the cross-effect of strains in non-linear elasticity of nearly regular polymer networks by pure shear deformation *The Journal of Chemical Physics* **2015**, 142, 174908.

[13] Urayama, K.; New aspects of nonlinear elasticity of polymer gels and elastomers revealed by stretching experiments in various geometries *Polymer International* **2016**, n/a-n/a.

[14] Ogden, R. W.; Large Deformation Isotropic Elasticity-Correlation of Theory and Experiment for Incompressible Rubberlike Solids *Proc R Soc Lon Ser-A* **1972**, 326, 565.

[15] Gent, A. N.; A new constitutive relation for rubber *Rubber Chem Technol* **1996**, 69, 59–61.

[16] Allen, G.; Kirkham, M. J.; Padget, J.; Price, C.; Thermodynamics of Rubber Elasticity at Constant volume *Transactions of the Faraday Society* **1971**, 67, 1278–1292.

[17] Gumbrell, S. M.; Mullins, L.; Rivlin, R. S.; Departures of the Elastic Behaviour of Rubbers in Simple Extension from the Kinetic Theory *Transactions of the Faraday Society* **1953**, 49, 1495–1505.

[18] Kuhn, W.; Grün, F.; Beziehungen zwischen elastischen Konstanten und Dehnungs-doppelbrechung hochelastischer Stoffe *Kolloid-Zeitschrift* **1942**, 101, 248–271.

[19] Wang, M. C.; Guth, E.; Statistical Theory of Networks of Non-Gaussian Flexible Chains *Journal of Chemical Physics* **1952**, 20, 1144–1157.

[20] Arruda, E. M.; Boyce, M. C.; A 3-Dimensional Constitutive Model for the Large Stretch Behavior of Rubber Elastic-Materials *J Mech Phys Solids* **1993**, 41, 389–412.

[21] Katashima, T.; Asai, M.; Urayama, K.; Chung, U.-i.; Sakai, T.; Mechanical properties of tetra-PEG gels with supercoiled network structure *Journal of Chemical Physics* **2014**, 140, 134906.

[22] Urayama, K.; Kohjiya, S.; Uniaxial elongation of deswollen polydimethylsiloxane networks with supercoiled structure *Polymer* **1997**, 38, 955–962.

[23] Urayama, K.; Kohjiya, S.; Extensive stretch of polysiloxane network chains with random- and super-coiled conformations *Eur Phys J B* **1998**, 2, 75–78.

[24] Gong, J. P.; Katsuyama, Y.; Kurokawa, T.; Osada, Y.; Double-network hydrogels with extremely high mechanical strength *Adv Mater* **2003**, 15, 1155–1158.

[25] Gong, J. P.; Why are double network hydrogels so tough? *Soft Matter* **2010**, 6, 2583–2590.

[26] Griffith, A. A.; The Phenomena of Rupture and Flow in Solids *Royal Society* **1921**, 221, 163–198.

[27] Lake, G. J.; Thomas, A. G.; The Strength of Highly Elastic Materials *Proceedings of the Royal Society of London. Series A. Mathematical and Physical Sciences* **1967**, 300, 108–

119.

[28] Gent, A. N.; Tobias, R. H.; Threshold tear strength of elastomers *Journal of Polymer Science: Polymer Physics Edition* **1982**, 20, 2051-2058.

[29] Akagi, Y.; Sakurai, H.; Gong, J. P.; Chung, U.; Sakai, T.; Fracture energy of polymer gels with controlled network structures *Journal of Chemical Physics* **2013**, 139.

[30] Sakai, T.; Akagi, Y.; Kondo, S.; Chung, U.; Experimental verification of fracture mechanism for polymer gels with controlled network structure *Soft Matter* **2014**, 10, 6658-6665.

[31] Sakai, T.; Matsunaga, T.; Yamamoto, Y.; Ito, C.; Yoshida, R.; Suzuki, S.; Sasaki, N.; Shibayama, M.; Chung, UI.; Design and fabrication of a high-strength hydrogel with ideally homogeneous network structure from tetrahedron-like macromonomers *Macromolecules* **2008** 41, 14, 5379.

[32] Matsunaga, T.; Sakai, T.; Akagi, Y.; Chung, UI.; Shibayama, M.; Structure Characterization of Tetra-PEG Gel by Small-Angle Neutron Scattering *Macromolecules* **2009**, 42, 4, 1344.

[33] Matsunaga, T.; Sakai, T. Akagi, Y.; Chung, UI.; Shibayama, M.; SANS and SLS Studies on Tetra-Arm PEG Gels in As-Prepared and Swollen States *Macromolecules* **2009**, 42, 6245.

[34] Akagi, Y.; Katashima, T.; Sakurai, H.; Chung, U.; Sakai T.; Ultimate elongation of polymer gels with controlled network structure *RSC Advances*, **2013** 3, 13251-13258.

6 ゲル内における物質拡散

6-1 熱運動とブラウン運動

　溶液中において，溶媒分子はその温度で決定される平均的な運動エネルギーを持って，左に右にと無秩序に運動している．この溶媒分子の運動の起源は熱の授受にあるので，熱運動と呼ばれる．溶媒分子間の相互作用を無視すれば，溶媒分子の平均速度（$\langle v \rangle$）は理想気体の分子運動論より，以下のように表される．

$$\langle v \rangle = \left(\frac{2k_B T}{m} \right)^{-\frac{1}{2}} \tag{6-1}$$

k_B はボルツマン定数，T は絶対温度，m は運動している分子の質量である．式（6-1）によれば，室温付近での水分子の平均速度（$\langle v \rangle$）はおおよそ500 m/s 程度と非常に大きい．一方で，100 nm 程度のコロイド粒子について同様の計算を行うと，$\langle v \rangle$ はおおよそ 1×10^{-3} m/s となり，溶媒分子に比べれば実に6桁ほど小さいことが予想される．しかしながら，実際に液中で観測されるコロイド粒子の運動速度の尺度（拡散係数：D）は，溶媒分子と比べて3桁ほどしか小さくなく，コロイド粒子は分子運動論から予測される速度よりもずっと速い速度で運動している．この違いを説明するために，考え出されたのがブラウン運動という概念である．

　コロイド粒子は，溶媒分子と比して大きく，そして運動速度も遅いために，絶えず熱運動する溶媒分子の衝突を受けているはずである．この衝突がすべての方向から均一に行われれば力は打ち消し合いコロイド粒子は動かないこととなるが，実際にはそこまで均一ではないために，コロイド粒子はゆらゆらとランダムに移動する．この熱運動する小さな粒子の不均質な衝突に由来

176　6　ゲル内における物質拡散

して，大きな粒子が行う運動をブラウン運動と呼ぶ[1]．

6-1-1　拡散係数

　ブラウン運動によってランダムに動くコロイド粒子の運動を理解するために，まずはシンプルな１次元の問題について考えよう[2]．ここでは，一定時間（Δt）ごとに粒子がランダムに ＋a あるいは −a 移動する，簡単な過程を取り扱う．１回あたりの移動距離をランダムに置くこともできるが，いたずらに話がややこしくなり，本質がつかみにくくなるので，ここでは一定とする．時刻 t での粒子の位置を $x(t)$ と置くと，$t=0$ からの粒子の変位は $x(t)-x(0)$ となる．多くの粒子について変位の平均（アンサンブル平均）を取ってみると，以下のようになる．

$$\langle x(t)-x(0)\rangle = \sum_{i}^{h}\langle a_i\rangle = 0 \tag{6-2}$$

a_i は i 歩目の移動ベクトルであり，〈 〉はアンサンブル平均を意味している．各ステップでの進行方向はランダムなので，第１章のランダムコイルのときと同様に，$\langle a_i\rangle = 0$ という結果が得られる．よって，移動距離の指標として，やはり２乗平均を求める必要がある．時間 t が経過した後，この粒子は $h = t/\Delta t$ 回移動することになるため，

$$\langle [x(t)-x(0)]^2\rangle = \left\langle \left(\sum_{i}^{h}a_i\right)\left(\sum_{j}^{h}a_j\right)\right\rangle = \left\langle \sum_{i}^{h}a_i{}^2+\sum_{i}^{h}\sum_{j\neq i}^{h-1}a_ia_j\right\rangle = \sum_{i}^{h}\langle a_i{}^2\rangle = \frac{a^2}{\Delta t}t \tag{6-3}$$

ここでも，第１章と同様に無相関な２つの物質量の平均が０であること（$\langle a_ia_j\rangle=0$）を利用した．結果として，移動距離の２乗は時間に比例し，比例定数は（$a^2/\Delta t$）となる．この比例定数は粒子の拡散しやすさを表す指標で，自己拡散係数あるいは単に拡散係数 D と呼ばれ，次式のように定義される．

$$\langle [x(t)-x(0)]^2\rangle \equiv 2Dt \tag{6-4}$$

　次に，この議論を３次元に拡張する．時刻 t での粒子の位置をベクトルを用いて $r(t)$ と表すと，変位の２乗平均に対して以下の式が得られる．

$$\langle [\mathbf{r}(t)-\mathbf{r}(0)]^2 \rangle = \langle [x(t)-x(0)]^2 + [y(t)-y(0)]^2 + [z(t)-z(0)]^2 \rangle = 6Dt$$
$$(6\text{-}5)$$

x, y, z 軸方向は等価であるので，式 (6-4) の帰結を用いて比較的簡単に 3 次元の解を得ることができる．このように定義される拡散係数は物質の広がりやすさを示す重要な指標で，洗濯物の乾く速度から，薬物の放出速度までさまざまな現象を定量的に評価するのに役に立つ．具体的な拡散係数としては，水中における酸素やエタノールのような 1 nm 以下の低分子は室温でおおよそ $1 \times 10^{-9} [\mathrm{m^2/s}]$，アルブミンのようなタンパク質 $(R_h = 4\,\mathrm{nm})$ はおおよそ $5 \times 10^{-11} [\mathrm{m^2/s}]$，ポリスチレンビーズ $(R_h = 50\,\mathrm{nm})$ はおおよそ $5 \times 10^{-12} [\mathrm{m^2/s}]$ である．

　拡散係数と並んで，拡散現象を特徴付けるパラメーターとして，緩和時間がある．緩和時間は，粒子が自身のサイズと同じだけの距離を移動するのに掛かる時間として定義される．粒子のサイズを R とすると，式 (6-5) より，緩和時間は次式のように定義される．

$$\tau \equiv \frac{R^2}{6D} \tag{6-6}$$

6-1-2　拡散と移動

　熱運動によってもたらされるランダムな運動である「拡散」に対して，電場・磁場・重力場などの外力により指向性を持って粒子を移動させる現象は，「移動」(migration) と呼ばれる．粒子に外場を印加したとき，初期には粒子は加速されるが，移動に伴い何らかの抵抗を受けるために，ある速度（終端速度）で平衡に達する．特に，外力が十分に小さいとき，一般的に粒子の外力に対する応答は線形的になることが知られており，平衡状態においては，粒子の終端速度 v と外力 F の関係は以下のように表される[3]．

$$v \equiv \mu F \tag{6-7}$$

比例定数は外力に対する応答しやすさの程度を表しており，移動度 μ と呼ばれる．一方で，μ の逆数は摩擦係数 ζ と呼ばれ，粒子の移動しにくさを表す指標である．

178 6 ゲル内における物質拡散

$$\zeta \equiv \frac{1}{\mu} \tag{6-8}$$

移動度は，前述の拡散係数と以下のような関係式で関係づけられる．

$$D = \mu k_B T = \left(\frac{1}{\zeta}\right) k_B T \tag{6-9}$$

この関係式は，Einstein によって構築された揺動散逸定理のブラウン運動に対する帰結で，Einstein の関係式と呼ばれている．この式は外力が十分に弱いときの粒子の運動のしやすさと，熱ゆらぎによって粒子がブラウン運動するときの運動のしやすさは本質的には同じであることを示している．

6-2　希薄溶液中での物質拡散

6-2-1　剛体球の拡散係数

　ここまでで，拡散物質の形状やサイズなどの詳細によらない一般的な拡散や移動の取り扱いについて学んだ．ここからは，さまざまな物質の拡散係数について具体的に見ていこう．最初に取り扱うのは，代表的な形状である剛体球の拡散係数である．コロイド粒子程度の大きさの粒子の場合，希薄な溶液中では概ね Stokes の抵抗則に従い，速度 v で移動したときに下式で表される抵抗力（f）を受ける[1]．

$$f = 6\pi\eta_0 R_h v \tag{6-10}$$

η_0 は溶媒のゼロせん断粘度で，R_h は流体力学的半径である．流体力学的半径とは，ある物質が溶液の中で運動する際に受ける抵抗と同等の抵抗を受ける剛体球（等価球）の半径のことである．ここでは，剛体球を取り扱っているために流体力学的半径は，そのまま剛体球の半径となるのであるが，棒状など一般の非球状の粒子に対しても，流体力学的半径を定義することは可能である．また，粒子表面に溶媒分子やカウンターイオンなどが吸着している場合には，それらの分子を伴って運動するため，流体力学的半径は顕微鏡などで見た場合の半径に比べて幾分か大きな値を示すことも知られている．粒子表面の吸着層の厚みは粒子サイズによらないので，特に粒子が小さい場合

（<10 nm）は流体力学的半径と顕微鏡で観測した半径と大きな差を示すことがある.

　粒子の移動速度が終端速度に達したとき，抵抗力と外力は等しい（$F=f$）. この平衡状態においては，式（6-7），（6-9），（6-10）より，拡散係数と粒子の流体力学的半径に以下の関係が成り立つ.

$$D = \frac{k_B T}{6\pi\eta_0 R_h} \tag{6-11}$$

この式は Stokes の抵抗則と Einstein の関係式から導出されたので，Stokes-Einstein の式と呼ばれる. 式（6-11）は動的光散乱法などで実測した拡散係数から，粒子の流体力学的半径を推定するために広く用いられている関係式である. Stokes-Einstein の式は，大きなコロイド粒子が小さな溶媒分子からなる溶液内で運動する状況を想定しているので，粒子と溶媒分子のサイズが近い場合や，粒子の濃度が高い場合は成立しないことに注意しよう. 粒子間の衝突が完全に無視できる状態が本来の式（6-11）の適用条件であるので，できるだけ低い濃度域で拡散係数の測定を行い，ゼロ濃度へ外挿した拡散係数を用いて流体力学的半径を見積もることが正式な方法である.

6-2-2　Rouse モデル

　Rouse モデルは高分子の拡散挙動を記述することを目的として，最初に考案されたモデルである[4]. Rouse モデルでは高分子をバネによってつながれた無相関な N 個のビーズとみなす. Rouse モデルではビーズ間には流体力学的相互作用が働かず，各々のビーズは溶媒から独立かつ同程度の摩擦を受けると仮定する. よって，ビーズ1つあたりが受ける摩擦係数を ζ_0 と置くと，高分子全体が受ける摩擦係数は $\zeta_R = N\zeta_0$ となる. 式（6-8），（6-9）より，拡散係数は鎖のセグメント数の逆数と比例することが予想される.

$$D = \frac{k_B T}{N\zeta_0} \sim N^{-1} \tag{6-12}$$

　図 6-1 に，Rouse モデルが想定している概念図を示す. 高分子のセグメントが溶媒分子と直接的に相互作用するために，高分子が移動する際には溶媒

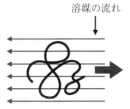

図 6-1 Rouse モデルの概念図
溶媒はコイル内へ自由に侵入できる.
すべてのモノマーが等しく摩擦を受ける.

分子は高分子内をすり抜けていくという描像となる.そのために,高分子のコンフォメーション（第2章参照）にかかわらず,D は式（6-12）によって示されるという帰結になる.しかしながら,Rouse モデルは希薄な高分子溶液内における高分子の拡散挙動を正しく再現できないことが知られている[5].この不一致は,逆説的に,希薄系では高分子間の流体力学的相互作用は無視できないことを意味している.

一方で,濃厚な溶液系では,高分子同士が相互侵入し,流体力学的相互作用が遮蔽されるために,Rouse モデルが適用可能となるはずである.しかし,濃厚な溶液系では遮蔽効果だけでなく,高分子同士がからみ合いも考慮する必要がある.実際に濃厚な溶液系では,高分子のからみ合いをぬうように運動する（レプテーション）ことが知られており,拡散係数は分子量と $D \sim N^{-2}$ の関係となることが実験的に確かめられている.よって,高分子全体の運動としてあらわに Rouse モデルが観測されることは一般的ではないが,レプテーションにおける鎖の移動は,Rouse モデルを基として導かれる.

6-2-3　Zimm モデル

高分子の溶液中における拡散挙動を記述するために初期に考案された,もう1つのモデルが Zimm モデルである[4].Zimm モデルにおいては,Rouse モデルと同様に高分子をバネとビーズからなるものと捉えるが,今度はビーズ間の流体力学的相互作用が強い極限について考える.ビーズ間に働く流体力学的相互作用が非常に強くなった結果として,ビーズと近距離にあり強い相関を持つ溶媒分子は,高分子のコイル内部に閉じ込められ,高分子と一体になって拡散することとなる.この仮定の下では,コイルはあたかも溶媒分子を含んだ1つの剛体球と見なすことができる（図 6-2）.

そのため,Zimm モデルで考える高分子鎖の拡散係数には,剛体球を取り

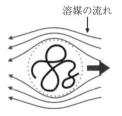

図 6-2 Zimm モデルの概念図
溶媒はコイル内へ侵入できないコイルの表面のみ摩擦を受ける

扱う Stokes-Einstein の関係式をそのまま適用することができる．

$$D = \frac{k_B T}{6\pi\eta R_h} \sim \begin{cases} N^{-\frac{1}{2}}, & \text{for ideal chain} \\ N^{-\frac{3}{5}}, & \text{for real chain} \end{cases} \quad (6\text{-}13)$$

この関係式は，特に希薄領域における高分子鎖の拡散挙動をよく再現することが知られており，希薄な溶液系では高分子の拡散は Zimm モデルに従うといってよい．Zimm モデルでは排除体積効果が無視できる理想鎖の場合（θ 溶媒）と，排除体積効果が顕著である実在鎖の場合（良溶媒）で，D の N 依存性が変化することに注意しよう．実際の実験においても，θ 溶媒中では $D \sim N^{-1/2}$，良溶媒中では $D \sim N^{-3/5}$ に近いスケーリング則が観測されている[5]．

6-3 準希薄溶液中やゲル内での高分子の拡散

準希薄溶液では高分子同士は互いに侵入しており，時間とともに変化する過渡的かつ擬似的な網目構造を形成している（第 2 章参照）．一方で，共有結合性の高分子ゲルは高分子鎖が化学的に架橋されているため，永続的で明確な網目構造をもつ．これらの網目構造内部において拡散する物質（たとえば剛体粒子，薬物，ゲスト高分子）は，直接的な衝突や，溶媒分子を介した流体力学的相互作用など，網目とのさまざまな相互作用を持つ．そしてその結果として，拡散が妨げられることは想像に難くないだろう．このように，相互作用により拡散が妨げられること自体は直感的に理解しやすい一方で，拡散物質と網目構造がどのように相互作用するかは自明ではない．そのために，現在でも多くのモデルが存在しており，どのモデルがどのような場合に正し

182 6 ゲル内における物質拡散

いかなど，まだ不明な部分も多い[6,7]．それらのモデルは以下の5つに大別することができる．1) 網目構造を実体のある障害物と捉える障害物モデル．2) 網目構造の実体は無視するが，網目の存在によって溶媒の実効粘度が上昇すると考える流体力学的モデル．3) 拡散物質は溶媒分子と高分子がそれぞれもつ自由体積を通って移動すると考える自由体積モデル．4) 拡散する高分子が高分子網目によって実効的に作られる管の中を通って移動するレプテーションモデル．5) 拡散する高分子が疎密のある網目構造内を鎖のコンフォメーションを変形させて拡散すると考えるエントロピックトラッピングモデル．初めの3つのモデルは，もともと剛体粒子の網目中の拡散について考え出されたモデルであるが，拡散する高分子鎖が網目よりも十分に小さいときは，高分子を剛体球とみなすことができるので，高分子鎖にも適用が可能となる．一方で，後の2つのモデルは高分子鎖の性質を強く反映したモデルであり，高分子の拡散に特有のモデルである．以下，これら5つのモデルについて順に見ていこう．

6-3-1 障害物モデル

高分子網目内における物質拡散についての最も直感的な考え方の1つは，高分子網目が障害物として直接的に作用し，拡散物質がそれを避けながら運動する様相であろう．Maxwell-Fricke モデルや Mackie-Meares モデルなどさまざまな障害物モデルの思想の下に作られたモデルがあるが，代表的なものは Ogston によって提案されたモデルである[8]．

Ogston モデルでは網目を簡略化して，空間中にランダムに分散している剛直な棒として取り扱う．空間内に剛直な棒がランダムに存在する系において，任意の1点を選び，その点から距離 d だけ離れたところで初めて棒を見つける確率 $f(d)$ は以下のように表される．

$$f(d) = 4\pi z L_l d \exp(-2\pi z L_l (d + L_s)^2) \qquad (6\text{-}14)$$

z は棒の数密度で，L_l は棒の長軸側の長さ，L_s は棒の短軸側の長さである．任意の1点を選びそこに大きさ R の粒子を配置できる確率 $P(R)$ は，大きさ R 以上の空隙を見つける確率と同じであるために，以下のように表される．

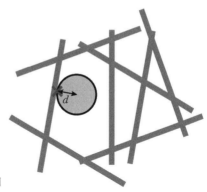

図 6-3 Ogston モデルの概念図

$$P(R) = \int_R^\infty f(d)\mathrm{d}d = \exp\left[-2\pi z L_l L_s^2\left(\frac{R}{L_s}+1\right)^2\right] = \exp(-K\phi) \tag{6-15}$$

ここで，ホスト網目のポリマー体積分率 ϕ が棒の総占有体積 $zL_lL_s^2$ に比例することを用いた．また，$K(=2\pi(R/L_s+1)^2)$ は遅延定数と呼ばれる．$P(R)$ は R というサイズを持つ粒子が自らを許容できる空間を見つけることができる確率と言い換えることもできる．粒子が拡散するためには，自らを許容できる空間を見つける必要があるとすれば，網目内における拡散係数 (D) は次式のようになる．

$$D = P(R)D_0 = D_0 \exp(-K\phi) \tag{6-16}$$

D_0 はポリマー体積分率が 0，すなわち高分子のない純粋な溶媒中での粒子の拡散係数である．Ogston モデルは後に一般化され，さまざまな形状の障害物について以下のような予測がなされた．

$$K \sim \begin{cases} \left(\dfrac{R}{L_s}+1\right)^1, & \text{for planes} \\ \left(\dfrac{R}{L_s}+1\right)^2, & \text{for rods} \\ \left(\dfrac{R}{L_s}+1\right)^3, & \text{for spheres} \end{cases} \tag{6-17}$$

184　6　ゲル内における物質拡散

$P(R)$ はその定義から，純溶媒中と比較してどの程度粒子が存在しにくいかを表す指標であり，つまりは分配係数と同じ意味を持つ．すなわち，粒子はゲル中においては，純溶媒中における濃度に $P(R)$ 倍した分だけしか存在できないと考えることもできる（特に網目と粒子に化学的相互作用がないとき）．つまり，拡散係数と分配係数には類似性がある．ここで紹介したOgston モデルを含む，これから紹介するモデルの多くは分配係数と拡散係数の間に比例関係があるとして，議論を進めているものが多い．

6-3-2　流体力学的モデル

流体力学的効果に基づくモデルでは，拡散物質と網目構造が溶媒分子を介して間接的に相互作用すると考える．すなわち，拡散物質と網目は直接的には相互作用しない．このモデルにおいて高分子網目は固定されており，その周りの流体（溶媒分子の集合）の流れを妨げる．その結果として，溶媒の粘度が実質的に増加し，物質の拡散速度が低下する．この点が，Ogston モデルとの決定的な違いであり，網目構造については，Ogston モデルと同様，流体中に固定された棒や剛体球として近似する．

流体力学的相互作用に基づくモデルのうちで代表的なものは Cukier によって提唱されたモデルである[9]．Cukier は，網目構造を構成している高分子のモノマー 1 つ 1 つを剛体球とし，剛体球の連なったものが流体へ及ぼす摩擦を見積もった．Stokes の抵抗則により，1 つのモノマーに対して生じる摩擦係数は，以下のように表される．

$$\zeta_a = 6\pi\eta_0 a \tag{6-18}$$

ここで，a はモノマーの流体力学的半径である．この摩擦係数を網目をなすすべてのモノマーに対して適用すると，（Rouse モデルに近い取り扱いである）網目構造の存在によって，どの程度流体の摩擦が増大したかを示すパラメーターである遮蔽定数 κ を求めることができる．

$$\kappa^2 = \frac{n_a \zeta_a}{\eta_0} \tag{6-19}$$

n_a は網目を構成するモノマーの総数で，η_0 は純溶媒の粘度である．式（6-

19）において，モノマーの総数 n_a とポリマー体積分率 ϕ は比例すると考えられるので，$\kappa \sim \phi^{1/2}$ の関係が得られる．一方で，モノマーユニットの代わりに，網目を構成している高分子鎖，あるいはブロブが 1 つの剛体球として振る舞い，摩擦を増大させていると考えることもできる．ブロブの描像を適用することにより，Freed と Edwards は理想鎖に対して $\kappa \sim \phi$，de Gennes は実在鎖に対して $\kappa \sim \phi^{3/4}$ と異なるベキ乗則を導出した[1]．

　ここで得られた遮蔽定数から厳密にブラウン運動する拡散物質が感じる摩擦力（ζ_D）を計算するのはきわめて困難であるが，式（6-20）に示すような指数関数で表されると予想されている．

$$\frac{\zeta_D}{\zeta_{D0}} = \exp(\kappa R) \tag{6-20}$$

ζ_D はブラウン運動をする粒子が高分子網目中で感じる摩擦係数で，ζ_{D0} は高分子網目がないときに粒子が感じる摩擦係数である．Einstein の関係式（式（6-9））により，拡散係数は摩擦係数と逆数の関係にあることがわかっているので，上式は次のように書き直すことができる．

$$\frac{D}{D_0} = \exp(-\kappa R) \tag{6-21}$$

この帰結は，結果として障害物モデルと類似しているが，粒子がホスト高分子に直接的な影響を受けたのではなく，ホスト高分子の存在による実質的な溶媒粘度の低下が起源である事に注意しよう．

6-3-3　自由体積モデル

　自由体積とは分子間にある何も物質が存在しない空間で，つまりは真空である．真空と言われてもぴんとこないかもしれないが，たとえば六方細密充填構造を持つ金属結晶ですら，26 % の空隙，つまりは真空を有している．よって，空気中にも，水のような低分子からなる溶媒の中にも，高分子の溶融体にも自由体積は存在する．また，高分子水溶液のような 2 成分混和系では水と高分子の自由体積がともに存在する．自由体積は，興味ある温度と絶対零度における分子の占有体積の差として定義され，有限の温度下で物質は常

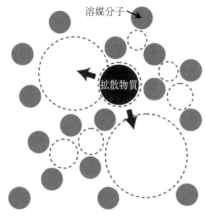

図 6-4 自由体積モデルの概念図
溶媒分子は熱運動しているため,自由体積の空間分布は時間とともに変化する.

に熱運動しているので,その自由体積の大きさは時々刻々と変化する.自由体積理論に基づく拡散モデルは,粒子が自分の体積相当の空隙を見つけたときに,そこへ移動することが可能となり,結果として拡散が起こると考える.障害物モデルと流体力学モデルでは,粒子はあくまでも溶媒の占めている領域を通って拡散することを考えていたのに対して,自由体積理論はまったく異なる描像を描いている点に注意しよう.

純粋な溶媒内で半径 d 以上の大きな空隙(自由体積)の存在確率 $P(d)$ は,Cohen と Turnbull によって下式のように定式化された[6].

$$P(d) = A \exp\left(-\frac{xd}{V_f}\right) \tag{6-22}$$

A と x は定数で,V_f は系内の自由体積の総和である.Fujita は,純粋な溶媒中における大きさ R の粒子の移動度が $P(R)$ に比例する($\mu \sim P(R)$)と考え,Einstein の関係式(式 (6-9))を用いて拡散係数を算出した.

$$D \sim Ak_BT \exp\left(-\frac{xR}{V_f}\right) \tag{6-23}$$

Yasuda らは,後にこの考えをホスト高分子が存在する系へ拡張した.系内の自由体積は溶媒と高分子のそれぞれの寄与からなるので,系内の自由体積の総和は次式のように書き直すことができる.

6-3 準希薄溶液中やゲル内での高分子の拡散　187

$$V_f = (1-\phi)V_{fs} + \phi V_{fp} \tag{6-24}$$

V_{fs} と V_{fp} はそれぞれ純粋な溶媒と純粋な高分子の自由体積である．溶媒分子からの寄与がポリマーからの寄与よりもはるかに大きいとき，$V_f = (1-\phi)V_{fs} + \phi V_{fp} \approx (1-\phi)V_{fs}$ と近似できる．式 (6-23)，(6-24) に対してこの近似を用いることにより，ホスト高分子が存在するときの物質の拡散係数は以下のように導かれる．

$$\frac{D}{D_0} = \exp\left(-\frac{xR}{V_{fs}}\left(\frac{\phi}{1-\phi}\right)\right) \tag{6-25}$$

ここで，$D_0 = \exp(-xR/V_{fs})$ であることに注意しよう．自由体積理論では，拡散物質は溶媒分子の持つ自由体積を通って拡散すると仮定している．溶媒分子に由来する自由体積の空間分布は溶媒分子の熱運動によって常に変化していくが，その平均的なサイズは溶媒分子のサイズと同程度であると考えられる．したがって，溶媒分子よりもずっと大きな分子（タンパク質や高分子鎖）に対して，自由体積理論を当てはめるのは，仮定に反する点に注意しよう．

6-3-4　レプテーションモデル

　これまで紹介した理論はすべて剛体球の拡散を対象としている．低分子物質やタンパク質，コロイド粒子，あるいは高分子網目構造と直接からみ合わない小さな高分子などは剛体球として近似しても大きな問題はないと思われる．それに対して，高分子の分子量が大きく，複数の部分鎖と同時に相互作用するような場合，高分子と網目構造を形成している高分子間の絡み合いの影響を考える必要がある．実際に高分子網目に内包された大きな高分子の拡散係数の分子量依存性は，剛体球近似のモデルから予測される指数関数的な減少よりもずっと緩やかに変化することが知られている．また，ある高分子を剛体球と近似した場合，ほとんど動くことができないようなサイズであったとしても，それなりの速度で拡散する様子が確認される．de Gennes はこのような拡散は高分子鎖が剛体球として移動しているのではなく，高分子が紐状の物質として振る舞い，高分子網目の中を蛇のようにすり抜けながら運

動（レプテーション）していると考えた[3].

レプテーションモデル（Reptation model）では，高分子網目の中に鎖が1本だけ存在する状況において，鎖が高分子網目の拘束を受けながら運動する状況について考える．古典的なレプテーションモデルでは，網目は固定されていて動くことはなく，鎖はいくつかの網目を縫うように存在しているとする．一度，網目内に鎖を配置すれば，鎖の先端セグメントだけは自由に進行方向を決めることができるものの，残りのセグメントは先端セグメントの移動によって形成された道筋（管）に沿ってしか移動できない．この，土の中を這って移動する蛇に似た移動様式をレプテーションと呼ぶ．この状況を想像すれば，拡散を規定する重要なパラメーターは，管の径と，高分子の長さであることがイメージされるであろう．管に沿った軸上では，鎖のすべてのセグメントは一様に管から摩擦を受けるので，レプテーションモデルは「管に沿った」1次元の Rouse モデルに帰着される．管内での拡散係数は移動度に比例し（Einstein の関係式），Rouse モデルでは移動度 μ_t は鎖長の逆数に比例するので，下式が得られる．

$$D_t = \mu_t k_B T \sim N^{-1} \tag{6-26}$$

添字の t はチューブ内での運動を意味している．緩和時間はその定義により下式の関係が得られる．

$$\tau_t \simeq \frac{L^2}{D_t} \sim N^3 \tag{6-27}$$

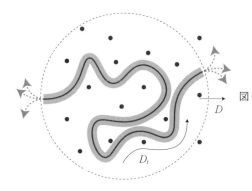

図6-5 レプテーションモデルの概念図
黒い点は架橋点もしくはからみ合い点で，鎖はこれらの架橋点によって作られる擬似的な管の中から拘束を受けて，管に沿った動きしか許されない．

ここで，L は管の長さであり，鎖のセグメント数 N に比例することに注意しよう．

　ここまでの議論は，あくまで管に沿ってどのように動くかについてであった．実際には，管自体が曲がりくねっているために，ここで得た帰結は，素直に3次元空間で見た拡散のそれとは異なる．それでは，3次元での拡散係数と緩和時間はどうなるのだろうか．緩和時間に関しては，自身のサイズ分移動するのにかかる時間という定義から考えて，管軸上でも3次元で違いはない．

$$\tau = \tau_t \sim N^3 \tag{6-28}$$

次に拡散係数について考えるが，この際に重要になるのは管の形状である．管の形状を決定づける鎖の先端セグメントはランダムに進行方向を選ぶことから，形成される管はランダムコイル状であることが予想される．3次元での管の代表的な長さ（末端間距離）を R と置くと，拡散係数は緩和時間を用いて次式のように見積もることができる．

$$D \simeq \frac{R^2}{\tau} \sim \begin{cases} N^{-2}, & \text{for ideal chain} \\ N^{-1.8}, & \text{for real chain} \end{cases} \tag{6-29}$$

ここでは，理想鎖と実在鎖の末端間距離の N 依存性として式 (1-3) と式 (1-49) を用いた．実際に，レプテーションモデルは，濃厚な高分子溶液中における高分子の拡散挙動をよく説明できることが示されている．レプテーションモデルは，先に分類した5つのモデルの中で，唯一，拡散係数として N のベキ関数を予想することは注目に値する．すなわち，他のモデルとは質的に異なる結果を導く唯一のモデルである．ここで紹介した古典的なレプテーションモデルでは完璧な管によって鎖が拘束されていることを考えていたが，管が時間とともに壊れ・再形成される仮定を入れた constraint release モデルや，鎖自身が熱運動によってある程度伸び縮みすることを加味した reptation with fluctuation モデルも考案されており，いずれも N のベキ関数を予想する[2]．

6-3-5 エントロピックトラッピングモデル

最後に紹介するのはエントロピックトラッピング（Entropic trapping）モデルである[10]．このモデルでは，高分子網目構造を連続的な格子として取り扱う．格子の中は空洞で，空洞同士は小さな穴で互いにつながっている．ゲスト鎖のサイズは格子サイズよりも小さいが，穴よりは大きいとする．よって，ゲスト鎖が拡散するためには，格子に空いた小さな穴に入り，通り抜ける必要がある．ゲスト鎖の一部が穴の中にあるとき，鎖のコンフォメーションは制約を受けるので，鎖のコンフォメーションエントロピーが低下する．エントロピックトラッピングモデルではこのエントロピーの低下（エントロピー障壁）がゲスト鎖の拡散を阻害すると考える．

今，着目している高分子よりも非常に大きな空間と小さな空間がつながっている上記の図のような繰り返し格子を考える．2つの空間での鎖の分配係数（P）がボルツマン分布に従うとすれば，

$$P = \frac{\phi_{\text{small}}}{\phi_{\text{bulk}}} \sim \exp\left(-\frac{\Delta F}{k_B T}\right) \quad (6\text{-}30)$$
$$\phi = \phi_{\text{small}} + \phi_{\text{bulk}}$$

ϕ は鎖の全体積分率，$\phi_{\text{small}}, \phi_{\text{bulk}}$ は小さな空間と非常に大きな空間での鎖の体積分率，ΔF は2つの空間での鎖の自由エネルギー差である．本来は，高分子の大きさと比べて，大きな空間，小さな空間がともに大きい場合しか，ボルツマン分布には従わないのであるが，ここでは細かい議論には立ち入らない．さらに，ここまでの多くのモデルで仮定されていたように分配係数 P

図6-6　エントロピックトラッピングモデルの概念図

は拡散係数 D に比例すると考えると，拡散係数は次式のようになる．

$$\frac{D}{D_0} = P = \exp\left(-\frac{\Delta F}{k_B T}\right)$$

自由エネルギー差 ΔF は，Casassa によって理想鎖について，Daoud と de Gennes によって実在鎖について議論されている．小さな空間の1辺の大きさを d_c とすると，理想鎖の場合は $\Delta F \sim N d_c^{-2}$，実在鎖の場合は $\Delta F \sim N d_c^{-5/3}$ となる．Muthukumar はさらに，空間のサイズが鎖の大きさよりも小さな場合へ議論を発展させ，いくつかのシミュレーションを行った．しかし，いずれの手法においても，空間のサイズと高分子の体積分率や網目サイズを直接関連付けるに至っていないため，現時点でこのモデルを実験値と直接的に比較することはできない．からみ合いや架橋点のある系において，実験結果がレプテーションモデルの予測（$D \sim N^{-2}$）よりも強い指数（$-2 \sim -4$）を示すことがあり，そのような挙動を説明する際に，エントロピックトラッピングモデルが用いられている．

コラム5 網目サイズと物質拡散

ゲルの網目サイズはゲル内での物質拡散を考えるうえで直感的で重要なパラメーターである．実際に，第6章で紹介したように，多くのモデルでは「網目サイズ」を基に理論を構築している．しかし，ここまで読んできた方にはすでにわかるように，ゲルの網目サイズを厳密に求める手法は未だに存在しない．特に拡散を考えるときに，いったい何が網目に相当するのかは慎重に考える必要がある．

ゲルの網目構造の簡略的模式図

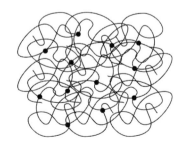

より現実に近い網目構造

192　6　ゲル内における物質拡散

　図に一般的な教科書や論文で見かけるゲルの簡略化した網目構造とより現実に近い網目構造を示した．もちろん筆者も直接ゲルの網目構造を見たことはないが，モノマーが理想鎖のようにランダムに分布していること，さらに網目を構成するモノマーがそれぞれ熱運動をしていることを考えると，右側の描像の方がより確からしいことは理解してもらえると思う．このような描像から想像される網目サイズは一体どのサイズだろうか．架橋点間分子量，ブロッブサイズ，それともゲルのマクロな弾性率から求まる理論上の弾性に寄与する網目のサイズだろうか？　現状では，どの網目サイズが重要であるのかはわかっていないのが現状であるが，筆者らの実験によると，少なくとも架橋点間分子量と高分子濃度は独立に拡散に影響を及ぼすことがわかっている．よって，一元的な網目サイズを規定することはどうやら難しそうである．

参考文献

[1] Cussler, E. L.; *Diffusion: Mass Transfer in Fluid Systems*, Cambridge University Press, 2009.

[2] Rubinstein, M. and Colby, R. H.; *Polymer physics*, Oxford University Press, 2003.

[3] Gennes, P. G. d.; *Scaling Concepts in Polymer Physics*, Cornell University Press, 1979.

[4] Doi, M. and Edwards, S. F.; *The Theory of Polymer Dynamics*, Clarendon Press, 1986.

[5] Tetraoka, I.; *Polymer Solutions*, John Wiley & Sons, Inc, 2002.

[6] Amsden, B.; Solute diffusion within hydrogels. mechanisms and models *Macromolecules* **1998**, 31:8382–8395.

[7] Masaro, L. and Zhu, X. X.; Physical models of diffusion for polymer solutions, gels and solids *Progress in Polymer Science* **1999**, 24, 731–775.

[8] Ogston, A. G.; The spaces in a uniform random suspension of fibres *Transactions of the Faraday Society* **1958**, 54, 1754.

[9] Cukier, R. I.; Diffusion of Brownian spheres in semidilute polymer solutions *Macromolecules* **1984**, 17, 252–255.

[10] Muthukumar, M. and Baumgaertner, A.; Effects of entropic barriers on polymer dynamics *Macromolecules* **1989**, 22, 1937–1941.

[11] Nishi, K.; Asai, H.; Fujii, K.; Han, Y.; Kim, T.; Sakai T.; Shibayama, M.; Small-angle neutron scattering study on defect-controlled polymer networks *Macromolecules* **2014**, 47, 1801–1809.

[12] Li, X.; Khairulina, K.; Chung, U.; Sakai T.; Electrophoretic mobility of double stranded DNA in polymer solutions and gels with tuned structures *Macromolecules* **2014**, 47, 3582–3586.

[13] Khairulina, K.; Li, X.; Nishi, K.; Shibayama, M.; Chung, U.; Sakai, T.; Electrophoretic mobility of semi-flexible double-stranded DNA in defect-controlled polymer networks:

mechanism investigation and role of structural parameters *Journal of Chemical Physics* **2015**, 143, 234904.

索 引

[あ行]

アフィンネットワークモデル　65, 75, 80,
　98, 166
アフィン変形　65, 102
網目サイズ　62, 165, 166, 191
イオン浸透圧　116
1 次元の酔歩　4, 8
一本鎖　1
移動　177
　——度　188
運動方程式　124
エネルギー散逸　94, 135
延伸性　165, 166, 169
延伸倍率　57
延性破壊　161
エンタルピー　13
エントロピー　13
　——弾性　14, 58, 86
エントロピックトラッピングモデル　182,
　190
応力延伸曲線　168
応力緩和挙動　60
応力比　149

[か行]

回転自由度　2
ガウス分布　5, 7, 10
化学ポテンシャル　49
架橋　59
架橋点　76, 77, 169
　——間距離　56, 63, 105
　——間重合度　63, 64, 134
　——間分子量　93, 192
　——数の期待値　84
　——密度　85
拡散　177
　——係数　175, 176

確率分布　12
確率密度関数　11
確率密度分布　9, 69, 70
重なり合い体積分率　103
重なり合い濃度　34, 53, 91
過剰散乱　62, 93
からみ合い　85, 93, 106
　——点間重合度　107
環構造　82
緩和挙動　129
緩和時間　95, 177, 188
希薄領域　101
ギブスの自由エネルギー　155
逆ランジュバンモデル　153
協同拡散係数　127, 130
局所的な不均一性　93
局所の不均一性　93
均一網目　58
クラスター　89
結合角　3
結合長　3
結合率　80, 167, 168
ゲル化　88
　——点　81, 88
　——臨界　133
ゲルの状態方程式　120
現象論的なひずみエネルギー密度関数
　146
工学応力　57
格子模型　42
高分子一本鎖　26
高分子ゲル　1
　——の定義　59
高分子体積分率　29
高分子溶液　29, 47
固定電荷　120
ゴム弾性　58
混合エントロピー　44

混合によるエンタルピー変化　45
混合のエントロピー変化　42
混合の自由エネルギー　41, 111
混合模型　35, 36, 54
コンフォメーション　25, 34, 154
　──エントロピー　44, 190

[さ行]

サイクル試験　93
最大延伸倍率　168
最大延伸比　15
最長緩和時間　129
サイトパーコレーション　90
　──モデル　90
サイト・ボンドパーコレーションモデル
　91
3鎖モデル　157
散乱実験　61
次元解析　20
自己拡散係数　176
自己相関関数　62
自己排除ランダムウォーク　22
実在鎖　22, 30, 32, 37, 40, 181
遮蔽効果　180
遮蔽定数　184
自由エネルギー　13
重合度　72, 74
収縮　97, 104
自由体積　185
　──モデル　182, 185
自由連結鎖モデル　4
樹状構造近似　81, 167
樹状構造理論　88, 132, 133
主ひずみ　142, 144
準希薄溶液　39, 54, 55, 181
準希薄領域　36, 40, 53, 101, 104
純せん断　146
障害物モデル　182
小角中性子散乱実験　167
浸透圧　26, 41, 42, 46, 48, 52, 56, 108, 111,
　132
振動散逸定理　178
垂直ひずみ　138

スケーリング　52
　──則　18, 19, 21, 26
　──理論　17, 109
スピノーダル分解　119
スポンジ　26, 94
スライドリングゲル　149
ずり弾性率　67, 125
ずり変形　125
脆性破壊　160
静的散乱　61
セグメント　37
　──分布　105
線形領域　171
せん断ひずみ　139
相関距離　55
相対変位テンソル　123
相の安定　118
相分離　49, 51
相平衡　49
相溶網目　26, 93
粗視化　2, 18
塑性変形　93, 161
ゾル-ゲル転移　88
ゾルフラクション　133

[た行]

対イオン　122
　──浸透圧　120
大域的な不均一性　93
第3ビリアル係数　53
体積相転移　115, 116
体積弾性率　118, 125
体積変形　125
　──量　128
第2ビリアル係数　53
大変形領域　165
ダイヤモンド格子　91, 133
ダングリング鎖　166, 170
ダブルネットワークゲル　161
単位相互作用エネルギー　45
単一高分子溶融系　32
弾性圧　108, 111, 132
弾性ブロブ　24

弾性変形　193
弾性率　65, 75, 97, 165
短絡鎖　106
遅延定数　183
調和平均　70
強い収縮　104
電解質ゲル　120, 122
等価球　178
等価鎖　71, 72, 74
動的散乱　61
動的粘弾性測定　60
動的光散乱法　130
独立な閉じたサイクル　76
ドナン効果　120
トポロジー相互作用　85

[な行]

2軸延伸　147
2定数モデル　30
ネオフッキアンモデル　67, 145, 151
熱運動　15, 175, 192
粘性抵抗　124
粘弾性　170
　　——液体　60
　　——固体　60
濃厚領域　101
濃度ブロップ　38
伸び切り効果　153

[は行]

排除体積　22, 38
　　——効果　87
　　——指数　33, 34
配置エントロピー　43, 112
パーコレーション　88, 89
　　——モデル　88, 89
パーコレート　90
　　——ネットワークモデル　79, 170
8鎖モデル　157
バルク分解　131, 132
非圧縮性　66
　　——物質　98
微小体積要素　124

微小変形　171
　　——領域　165
ヒステリシス　93, 119
ひずみ　57
　　——エネルギー密度関数　145
　　——硬化　157
　　——の主方向性　142
ひずみテンソル　123, 137, 138
　　——の固有値・固有ベクトル　143
非線形応答　94
非相溶網目　26
引っ張り弾性率　68
非特異的分解　134
表面分解　131
ファントムネットワークモデル　68, 74, 80,
　　98, 166, 167
不均一性　91, 92
フックの法則　14, 157
部分鎖　76, 77
　　——長　168
　　——の切断　78
ブラウン運動　175
フラクタル次元　19, 158, 160
ブロップ　24, 54, 55, 158
　　——サイズ　38, 40, 54, 55, 63, 130
分解速度定数　134
分岐構造　82
分散　71
分子内反応　82
分子論的なひずみエネルギー密度関数
　　151
分配関数　154
分離模型　36
平均場仮定　45
平衡膨潤　108
　　——状態　97, 111, 127, 132
ベキ展開　52
変位ベクトル　137
変形の不変量　144
膨潤　31
　　——収縮の動力学　122
　　——の緩和時間　131
　　——方程式　127

198　索引

保持長　3
ボルツマン定数　20
ボルツマン分布　190
ボンドパーコレーションモデル　90

[ま行]

摩擦係数　177
末端間距離　6, 12, 39, 102
　——分布　5, 10
末端間反応　167
無限収縮　87
無熱（athermal）状態　33

[や行]

ヤング率　68
有効網目　79
　——数の期待値　84
　——密度　85
ゆらぎ　71, 72

[ら行]

ランジュバン関数　156
ランダムウォーク　69
力学的有効網目　79
理想鎖（ideal chain）　5, 6, 10, 13, 18, 21, 29, 32, 181, 192
流体力学的半径　178
流体力学モデル　182, 184
両末端間距離　11
良溶媒　33, 181
ループ　93
レオロジー　59
レプテーション　180, 188
　——モデル　182, 187

[欧文]

constraint release モデル　189

cross coupling　148
c^* 定理　110
de Gennes, P.-G.　110
Einstein の関係式　178, 185, 188
Flory, P. J.　108
Flory-Rehner の式　114
Flory の相互作用パラメーター　46
Gent モデル　150
Griffith モデル　161
Kuhn モデル　15, 165, 168
Lake-Thomas モデル　163
Mooney モデル　145
Obukhov-Colby モデル　102
Ogston モデル　182
Panyukov, S　100
Panyukov モデル　100
poly（N-イソプロピルアクリルアミド）　118
reptation with fluctuation モデル　189
Rivlin-Saunder 法　147
Rouse モデル　179, 188
Starling の近似式　8
Stokes-Einstein の式　130, 179
Stokes の抵抗則　178, 184
supercoil 網目　105
Tetra-PEG ゲル　149, 165, 167
van't Hoff の式　48
Winter-Chambon の判定条件　61
W 関数　146
Zimm モデル　180
θ 温度　31
θ 状態　31, 35
θ 溶媒　33, 107, 181
χ パラメーター　115, 117

執筆者および分担 （執筆順）

酒井崇匡 （さかい・たかまさ，編者，第 1〜4 章，5-4，5-6 節）
東京大学大学院工学系研究科バイオエンジニアリング専攻准教授

片島拓弥 （かたしま・たくや，5-1〜5-3 節）
大阪大学大学院理学研究科高分子科学専攻助教
2010 年　東京大学工学部卒業
2015 年　東京大学大学院工学系研究科バイオエンジニアリング専攻博士課程修了
2012 年　日本学術振興会特別研究員 （DC1）
2015 年より現職

赤木友紀 （あかぎ・ゆき，5-5 節）
東京大学大学院工学系研究科バイオエンジニアリング専攻講師
2013 年　東京大学大学院工学系研究科バイオエンジニアリング専攻博士課程修了
2012 年　日本学術振興会特別研究員 （PD）
2016 年より現職

Li Xiang （リ・シャン，第 6 章）
東京大学物性研究所附属中性子科学研究施設助教
2010 年　東京大学工学部卒業
2015 年　東京大学大学院工学系研究科バイオエンジニアリング専攻博士課程修了
2012 年　日本学術振興会特別研究員 （DC1）
2015 年より現職

編者紹介

酒井崇匡（さかい・たかまさ）
東京大学大学院工学系研究科バイオエンジニアリング専攻
准教授
2002 年　東京大学工学部マテリアル工学科卒業
2007 年　東京大学大学院工学系研究科博士課程修了
　　　　　日本学術振興会特別研究員，東京大学ナノバイオ
　　　　　インテグレーション拠点特任助教，東京大学グロ
　　　　　ーバル COE 特任助教，JST さきがけ研究員など
　　　　　を歴任
2011 年　東京大学大学院工学系研究科バイオエンジニア
　　　　　リング専攻助教
2015 年より現職
受賞歴：2016 年　文部科学大臣表彰 若手科学者賞など
主要著書：『高分子ナノテクノロジーハンドブック』（共著，
エヌ・ティー・エス，2014）

高分子ゲルの物理学　構造・物性からその応用まで

2017 年 9 月 20 日　初　版

［検印廃止］

編　者　酒井崇匡

発行所　一般財団法人　東京大学出版会

　　　　代表者　吉見俊哉
　　　　153-0041 東京都目黒区駒場 4-5-29
　　　　http://www.utp.or.jp/
　　　　電話 03-6407-1069　Fax 03-6407-1991
　　　　振替 00160-6-59964

印刷所　株式会社精興社
製本所　牧製本印刷株式会社

© 2017 Takamasa Sakai, *et al.*
ISBN 978-4-13-062843-3　Printed in Japan

JCOPY 〈㈳出版者著作権管理機構　委託出版物〉
本書の無断複写は著作権法上での例外を除き禁じられています．
複写される場合は，そのつど事前に㈳出版者著作権管理機構（電話
03-3513-6969，FAX 03-3513-6979，e-mail: info@jcopy.or.jp）の許
諾を得てください．

分子熱統計力学　化学平衡から反応速度まで

　　　　　　　　　　　高塚和夫・田中秀樹/A5 判/232 頁/2,800 円

熱力学の基礎

　　　　　　　　　　　清水　明/A5 判/432 頁/3,800 円

工業熱力学　基礎編

　　　河野通方・岡島　敏・角田敏一・氏家康成 監修/A5 判/228 頁/2,600 円

ナノ・マイクロスケール機械工学

　　　石原　直・加藤千幸・光石　衛・渡邉　聡 編/A5 判/276 頁/3,400 円

薄膜の基本技術　第 3 版

　　　　　　　　　　　金原　粲/A5 判/242 頁/2,800 円

マテリアル環境工学　デュアルチェーンマネジメントの技術

　　　　　　　　　足立芳寛・松野泰也・醍醐市朗/A5 判/208 頁/3,200 円

ここに表記された価格は本体価格です．御購入の
際には消費税が加算されますので御了承下さい．